DELIUS KLASING

WASSER

Matevž Lenarčič

WELTEN

Text und Fotos | Matevž Lenarčič
Wissenschaftlicher Text | Dr. Griša Močnik

Meere, Seen und Flüsse von oben

Delius Klasing Verlag

Der blaue »Planet Wasser«

Der Planet Erde reist durch den Weltraum – so stellen wir Menschen es uns aus der Perspektive unserer sinnlichen und mentalen Wahrnehmung heraus vor. Darüber, wie er entstanden ist und sich entwickelt hat, bieten wissenschaftliche und philosophische Theorien ihre jeweiligen Erklärungen an, befangen in Vorstellungen, die aus der Vergangenheit stammen. Das Absolute wird immer unbegreiflich und unerreichbar bleiben – ein schimmerndes Ziel und eine Quelle der Motivation für zukünftige Generationen.

Man kann die Erde aus den unterschiedlichsten Blickwinkeln betrachten. Der vielleicht objektivste ist der aus dem Weltall – ab und zu sichtbar für glückliche Astronauten oder Satellitenkameras, die ins All geschossen wurden. Eigentlich sollte die Erde nicht »Erde« sondern »Wasser« heißen, da Wasser nicht nur mehr als zwei Drittel des menschlichen Körpers ausmacht, sondern auch mehr als 70 Prozent der Erdoberfläche bedeckt.

Schon lange warnen uns offizielle Statistiken vor Überbevölkerung, Lebensmittelknappheit, Mangel an Wasser und anderen natürlichen Bausteinen unserer Zivilisation.

Aber haben sie wirklich recht?

Der Blick aus einem Leichtflugzeug auf seinem Flug rund um den Erdball, knapp über dessen Oberfläche, enthüllt ein völlig anderes Bild: Von hier aus zeigt sich ein erstaunlicher Reichtum an Wasser und kulturfähigem Land. Es gibt relativ wenige menschliche Ansiedlungen und reichlich offenen natürlichen Raum. Der Planet Erde ist nicht überbevölkert und kann es auch nicht sein. Lediglich kleine Bereiche sind von Überbevölkerung betroffen. Auch das Wasser geht unserem Planeten nicht aus, es mangelt nur in bestimmten begrenzten Gebieten. Für den Anbau von Nahrung ist ausreichend Land vorhanden. Nur in gewissen Bereichen der Welt ist dieses Land knapp. Tatsächlich gibt es auf unserem blauen Planeten eine Fülle von allem, und die Menschheit besitzt genug Wissen, Fertigkeiten und Kapital, um eine gerechte Verteilung von Waren zu gewährleisten.

Der Mensch ist ein hochkomplexes Wesen mit tief eingegrabenen Instinkten, die in den Gesetzen der Wildnis verankert sind. Diese zwingen ihn dazu, immer nach den Prinzipien der natürlichen Auslese und des Überlebens des am besten Angepassten zu handeln, wodurch sich Mensch gegen Mensch stellt und Volk gegen Volk. Unsere sozialen und kulturellen Errungenschaften sind noch relativ jung. Sie können sich nur durch zivile und religiöse Strafgesetze und die Ideale einer zivilen Gesellschaft behaupten. In Zeiten gelockerter ethischer und sozio-politischer Normen neigen manche Menschen zum Kontrollverlust. Wenn solche Menschen die Politik bestimmen, Unternehmen leiten und das soziale Bild der Welt formen, ist kein Raum mehr für Empathie und Solidarität.

Trotz der Tatsache, dass der Großteil des Planeten mit Wasser bedeckt ist und der natürliche Wasserkreislauf enorme Mengen an Trinkwasser bereitstellt, leben Millionen von Menschen in Armut und sterben an Durst. Wasser ist ein Paradox, das so manche menschliche Zivilisation zu Fall gebracht hat. Es könnte auch die unsere untergehen lassen. Mehr als ein Heilmittel gegen Krebs, Herzkrankheiten oder Aids braucht die Menschheit ein Heilmittel gegen die selbstsüchtigen Gene, die verantwortlich sind für die imperialistischen Feldzüge manipulierter bewaffneter Soldaten oder die zivilen Computerexperten, die Drohnen steuern, sowie ruchlose Handelspraktiken und die modernen virtuellen Bankengeschäfte.

So wie das Flugzeug nur dann bei gleichbleibender Geschwindigkeit durch die Luft gleiten kann, wenn die darauf einwirkenden Kräfte im Gleichgewicht sind, kann auch eine Familie nur dann gedeihen, wenn alle ihre Mitglieder im Gleichgewicht sind. Dasselbe gilt für die Menschheit. Auch sie kann nur dann überleben, wenn es ihr gelingt, ein räumliches, materielles, soziales und spirituelles Gleichgewicht herzustellen.

Die Fotos, die ich während meines Fluges um die Erde gemacht habe, zeigen unseren Wasserreichtum in all seiner Schönheit und die erstaunlichen Wassermengen in den endlosen Flüssen, Ozeanen und Gletschern der eisigen Kontinente sowie seine Spuren in den größten Wüsten der Welt. Aber sie bringen auch die dunkle Seite des Menschen ans Licht: Zusammenballung, Einzäunung, Zerstörung und Ausbeutung. Auf diesen Bildern sieht man die Menschheit in ihrem ganzen Elend. Die Fotos zeigen die Haltung der Menschheit zu dem, was sie trägt, und unsere unglaubliche Ignoranz, unsere grenzenlose Dummheit sowie unseren Mangel an Mitgefühl. Die menschliche Zivilisation bleibt oder wird krank. Die Heilung liegt im Bewusstsein eines jeden Einzelnen von uns.

Im 21. Jahrhundert kann man fast alles kaufen – von der Niere bis zum Flug ins All. Mit ausreichend Geld kann man neue Weltrekorde aufstellen, in nur wenigen Stunden einmal um die Erde fliegen oder auf den Grund des Ozeans tauchen.

Wir leben in einer Zeit der Globalisierung, der Auflösung der Vielfalt und der Tendenz zur Vereinheitlichung. Die Welt wird zu einer politischen, kulturellen und sozialen Ödnis. Der globale Handel zerstört den örtlichen Handel und lässt ein materielles Ungleichgewicht entstehen. Die Essenz und die Bedeutung der Menschheit verblassen. Es ist nicht mehr erkennbar, worin die Macht des Menschen besteht und worin die Macht des Geldes.

Wie wir unsere Träume und Ziele erreichen, wird daher immer wichtiger. Wir müssen unseren Mitmenschen und der Umwelt gegenüber verantwortungsbewusst handeln.

Der GreenLight WorldFlight zeigt, dass es möglich ist – wenn man über Enthusiasmus und Einfallsreichtum verfügt –, mit sehr wenig Geld einmal um die Erde zu fliegen, dass Fliegen umweltfreundlich sein kann und dass der Erste, der das Ziel erreicht, nicht unbedingt der Sieger sein muss. Grüne Energie, leichte Materialien, weniger Motorleistung – nicht mehr das Ergebnis ist wichtig, sondern die Art, wie man es erreicht.

Das Bevölkerungswachstum, die Ausbeutung natürlicher Ressourcen, um unnötige Produkte für die Konsumgesellschaft herzustellen, der Klimawandel und die materielle Ungleichheit verlangen von den nachkommenden Generationen eine neue mentale Einstellung und die Fähigkeit, »klein-leicht-grün« zu denken: geringere Bedürfnisse bei größerer Befriedigung.

Der GreenLight WorldFlight mit dem ultraleichten, umweltfreundlichen Pipistrel Virus SW 914-Flugzeug hat bewiesen, dass große Projekte keine großen Mittel erfordern, auch nicht viel Energie und große Triumphe. Mit viel gutem Willen und positivem Denken ist es dem GLWF-Team gelungen, jedes während des schwierigen Fluges um die Welt auftretende Problem zu lösen. Dabei wurden einige neue Standards in der Luftfahrt gesetzt: ein 369-Stunden-Flug, ein Flug, auf dem eine Strecke von 91 000 Kilometern über alle Kontinente und Ozeane zurückgelegt und der Äquator sechsmal überquert wurde. Das leichteste Flugzeug, das je über den Südpazifik geflogen ist, in die Antarktis und über die Gipfel des Mount Everest und des Aconcagua. Ein Flug, der auf den geringsten Spritverbrauch in der Geschichte der Fliegerei verweisen kann und damit den geringsten ökologischen Fußabdruck hinterlassen hat. Es wurden erstmals die weltweiten Konzentrationen von Ruß gemessen, eines gefährlichen Schadstoffs, der Ursache des Treibhauseffekts ist.

Ein ausbalanciertes Flugzeug fliegt gut – und macht Spaß. Aber wenn sich sein Schwerpunkt zu stark nach links, rechts, vorn oder hinten verlagert, gerät es ins Trudeln und damit in eine unumkehrbare Katastrophe. Lassen Sie uns unseren blauen Planeten im Gleichgewicht halten, mit ihm durch die unbegreifliche Unendlichkeit gleiten und all unseren Nachkommen ein Leben in Würde, Glück und Freude ermöglichen.

Januar–April 2012

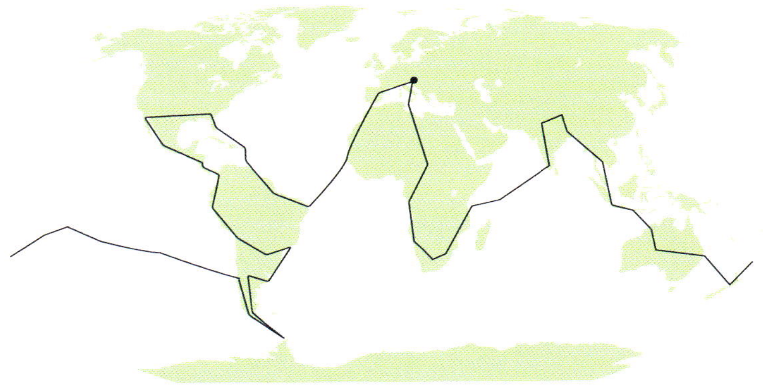

◄ 2
76° 53,07' **N** 015° 58,51' **E**
BC = keine Daten vorhanden

Über dem Hornsund, einem Fjord im Süden Spitzbergens, erhebt sich der 1453 Meter hohe Hornsundtind.

April 2013

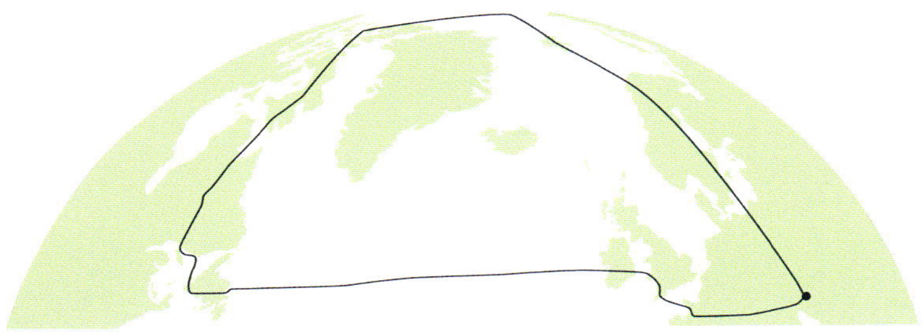

Erläuterung der Bildunterschriften

► 84	Seite, auf die sich die Bildunterschrift bezieht
32° 25,17' **N**; 109° 52,05' **W**	Ort der Aufnahme
BC = 45 ng/m³	Rußkonzentration (BC steht für Black Carbon) in ng/m³. Zum Vergleich: in Städten in der Nähe einer Straße liegt der typische Wert zwischen 1000 bis zu mehreren Tausend Nanogramm pro Kubikmeter Luft.

Rußmessungen während der GLWF 2012 und 2013

von Dr. Griša Močnik

Der Klimawandel durch das Fenster eines Ultraleichtflugzeugs betrachtet

In einem Ultraleichtflugzeug um die Welt und zum Nordpol zu fliegen, ist ein Abenteuer. Das vorliegende Buch ist der gedruckte Beweis dafür und ermöglicht es Matevž Lenarčič, Ihnen die Schönheit der Welt aus der Sicht von oben zu zeigen. Es scheint jedoch, dass sowohl Abenteuer als auch Schönheit im Auge des Betrachters liegen. Die Flüge boten eine einzigartige Möglichkeit, eine wissenschaftliche Aufgabe durchzuführen, mit der wir einen der wichtigsten Parameter für den Klimawandel maßen: den Ruß.

Durch die unvollständige Verbrennung von Treibstoffen, die Kohlenstoff enthalten (wie Autobenzin, Diesel, Erdgas, Holz und andere Biomassen) entstehen Aerosole. Das sind kleine Partikel, die die Luft verschmutzen und der Gesundheit der Menschen schaden. Zu den Bestandteilen der Aerosole gehört Ruß, der im Englischen die wissenschaftliche Bezeichnung »Black Carbon« trägt. Ruß ist ein inerter Stoff und kann über große Distanzen transportiert werden (Hansen 1989; Bodaine 1995; Sciare 2009). Seine Verweildauer in der Atmosphäre misst sich in Tagen oder Wochen. Er absorbiert große Mengen des Sonnenlichts und sieht schwarz aus. Durch Ruß heizt sich die Atmosphäre auf, denn er absorbiert Sonnenlicht – eine wichtige Ursache der globalen Erwärmung. Als Verursacher der Erderwärmung steht er an zweiter Stelle hinter CO_2. Sein Wirkungsanteil beträgt zwischen annähernd 20 und 40 Prozent und ist regional signifikant unterschiedlich (Ramanathan 2008; Bond 2013; IPCC 2013). Eine Verringerung des Rußes würde die Erwärmung der Atmosphäre sofort verlangsamen und gleichzeitig die Auswirkungen der Luftverschmutzung auf die Gesundheit der Weltbevölkerung (Shindell 2012) verbessern. Obwohl die Rußmessungen unsere Kenntnisse über diesen Themenbereich vergrößern, sind sie im globalen Zusammenhang dünn gesät (Hansen 1989; Bodhaine 1995), und erst in letzter Zeit wurden umfangreiche Vor-Ort-Messungen durch fliegende Messstationen gemacht (Spackman 2011). Die GLWF-Flüge waren daher eine Gelegenheit, die wir nicht ungenutzt lassen konnten. Messungen dieser Größenordnung sind bislang nie gemacht worden. Also rüsteten wir das Flugzeug um und installierten einen Aerosol-Einlass auf der Tragfläche, mit Röhrchen, die die aufgenommenen Luftproben dem Aethalometer zuführten. Dieses Instrument zur Rußmessung haben wir speziell für diesen Zweck entwickelt.

Dass die Rußkonzentration überall in der Welt sehr stark variiert, wussten wir. Wir machten während des ganzen Fluges Messungen, auch in Gegenden, wo bislang keine oder nur sehr wenige durchgeführt worden waren, wie in der Antarktis, in Afrika und über dem Atlantik und dem Pazifik. Die Rußkonzentrationen in den abgelegenen Gegenden waren sehr niedrig. Die Messungen weit entfernt von den Rußquellen ermöglichten es uns, den globalen Hintergrund der Konzentrationen zu bestimmen. Dieser unterschied sich nicht sehr von den Messungen auf Vergleichsbodenstationen, aber die geografische Ausdehnung unserer Messungen war viel größer. Wir konnten auf Strecken über ganze Ozeane messen. Andererseits stieß das Flugzeug über allen Kontinenten auf Abgasfahnen und Verschmutzungsschichten, und mithilfe meteorologischer Daten ließen sich mögliche Ursachengebiete identifizieren. Die Ursachen liegen nicht unbedingt ausschließlich in den stark industrialisierten Gebieten,

Einbau des Aerosol-Einlasses unter der Steuerbordtragfläche.

Nochmalige Überprüfung der Rußmessanlage.

Luftverschmutzung über dem Delta des Kongoflusses in der Demokratischen Republik Kongo.

sondern können auch aus dem verstreuten Verbrennen von Biomasse herrühren. Emissionen aus all diesen Quellen können mithilfe vorhandener Technologien reduziert werden. Wir hoffen, dass unsere Messungen ein wertvoller Beitrag zur möglichen Reduzierung sind und dabei helfen werden, ein Modell des Klimawandels zu erstellen.

Der Flug in die Arktis bot zudem eine kleine Überraschung. Die Arktis ist besonders anfällig für die Auswirkungen des Rußes, weil sich die Erwärmung nach der Ablagerung von Ruß auf Schnee und Eis noch verstärkt, indem sie die sonst reflektierende Oberfläche verschattet. In der Arktis ließ sich in den letzten wenigen Jahren (NSIDC 2012) ein beispielloser Schmelzvorgang beobachten, der möglicherweise neue Schifffahrtsrouten öffnen wird. Schiffsmotoren stoßen große Mengen Ruß aus, dessen Ablagerung eine positive Rückkopplung bewirkt. Je mehr Eis schmilzt, desto mehr Schiffe nutzen diese neuen Routen. Rußmessungen in der Arktis werden schon seit Langem durchgeführt (Hansen 1989), aber nur auf beschränktem Raum. Messungen von vertikalen Profilen hingegen werden erst seit Kurzem durchgeführt (Ferrero 2012). Während der Aktion fanden wir heraus, dass die Konzentrationen im Vergleich zu denen über dichter bevölkerten Teilen der nördlichen Hemisphäre gering sind. Jedoch stießen wir beim Flug zum Nordpol auf eine signifikante Abgasfahne, die aus einer eindeutig umrissenen Gegend kommt, wo bei der Ölförderung Gas verbrannt wird. Dies hatte man bereits vermutet und auf der Oberfläche gemessen (Stohl 2013). Unsere Messungen zeigen jedoch, dass die Auswirkung weit größer ist als vorher angenommen, weil sich die Rußfahne weiter im Norden zeigte. Das ist keine gute Nachricht und sollte uns eine Mahnung sein, was wir mit unserem Energieverbrauch anrichten.

Während der GLWF-Kampagnen rund um die Welt und am Nordpol zeigten wir, dass ein mit Messgeräten bestücktes Ultraleichtflugzeug mit wenig Geld wertvolle Informationen über Rußkonzentrationen und deren regionale Ungleichheiten sowie über vertikale Profile liefern kann. Sie kosten nur einen Bruchteil dessen, was große Messplattformen in der Luft kosten. Um solch eine Mission zu fliegen, braucht es eine besondere Persönlichkeit – Matevž war mehr als ein Abenteurer. Wir hoffen, dass die Kampagnen einen Wandel der Messparadigmen mit sich bringen werden und den Beginn von Messkampagnen in wirklich großem Umfang. Das wird dazu beitragen, den Klimawandel genauer zu quantifizieren und die Vorhersagemöglichkeiten von Modellen zu verbessern. Wenn es gelingt, die Rußkonzentrationen zu senken, werden die Temperaturen weniger schnell ansteigen. Dies wird uns Zeit erkaufen, darf uns aber nicht davon ablenken, dass wir die CO_2-Emissionen verringern müssen.

Nach dem Flug über Indien.

Eine verschmutzte Luftschicht über Malaysia. Über dem Pitotrohr unter der Tragfläche ist der Aerosol-Einlass zu erkennen.

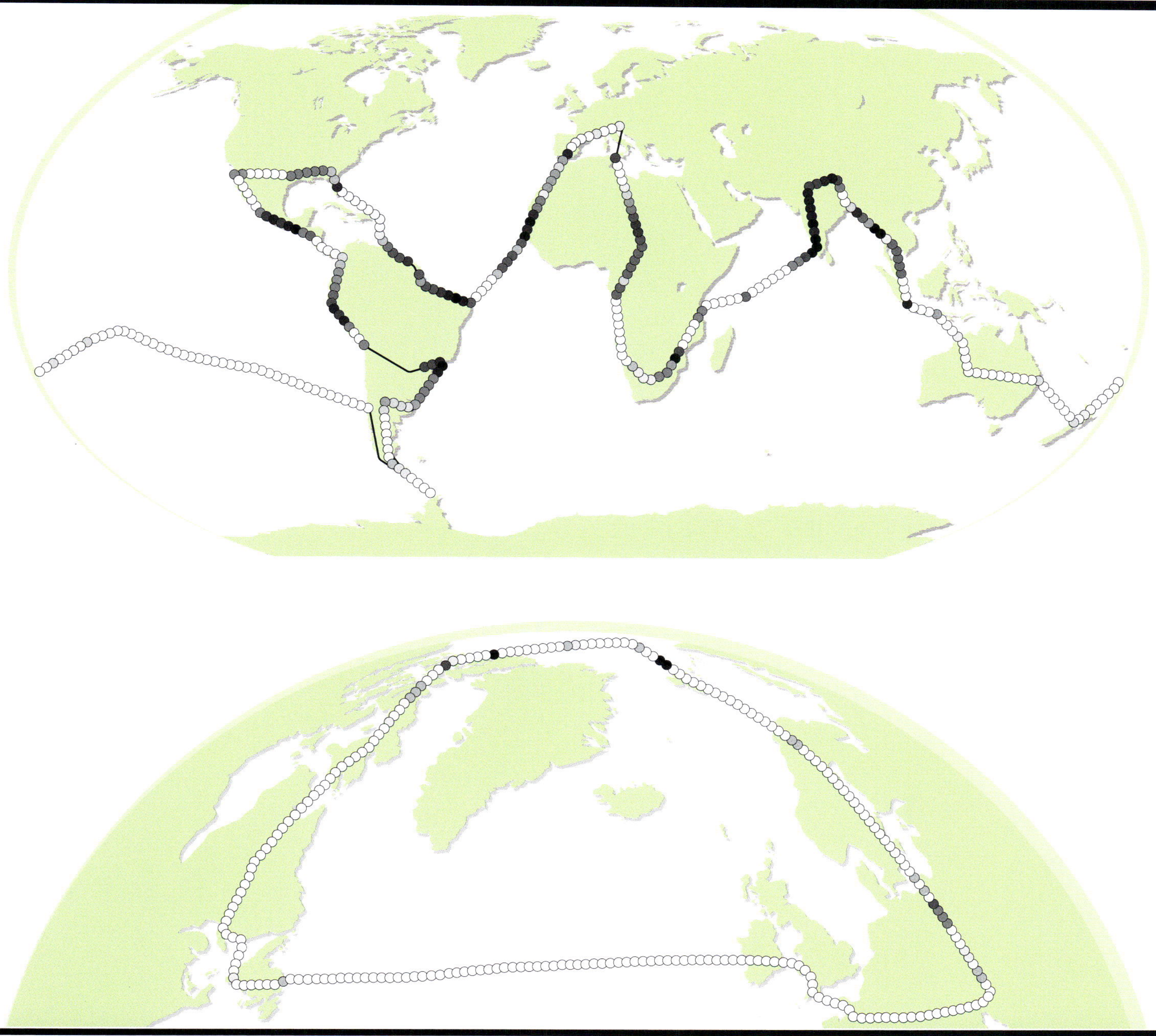

Verteilung der Rußkonzentration.

PETROL
PETROL

Das Ultraleichtflugzeug Pipistrel Virus SW 914

Mit seinen extrem ausgedehnten Meeren, undurchdringlichen tropischen Wäldern, Tausenden von Kilometern Wüstensand, endlosen eisigen, unberührten Gebieten, großen Höhen und seinem höchst veränderlichen und sogar tödlichen Wetter stellt der blaue Planet, den wir Erde nennen, für ein Ultraleichtflugzeug eine große Herausforderung dar. Weil ein nur 300 Kilogramm wiegendes Flugzeug dieser Art gewissen technischen Beschränkungen unterliegt, erfordert jede Veränderung genaueste Überlegungen, sorgfältige Planung und eine präzise Durchführung.

Die geplante Flugroute über alle Kontinente und Ozeane, noch dazu das Himalaja-Gebirge, stellte die Pipistrel-Ingenieure vor fast unlösbare Aufgaben. Das Flugzeug musste nicht nur in der Lage sein, 4000 Kilometer ohne Zwischenlandung zu fliegen, eine Flughöhe von 9000 Metern zu bewältigen und zudem eine Temperaturspanne von 100 °C auszuhalten, sondern auch noch den Piloten mitsamt Rettungsausrüstung für eine Vielzahl möglicher Notfälle mitnehmen können.

Hinsichtlich der Flugdauer lag die Lösung in den Tragflächen, deren Inneres nach den Entwürfen des Ingenieurs Rado Kikelj umgebaut wurde. Dazu entfernten wir die regulären Tanks und bauten den gesamten Bereich der Tragflügel vor dem Hauptholm so um und isolierten ihn dergestalt, dass zwei große Tanks entstanden, die es ermöglichten, in jeder Tragfläche 150 Liter Treibstoff unterzubringen. Zudem entwickelten wir eine neue Methode zum Entlüften der Tanks, wodurch die herkömmlichen Schläuche oben auf den Tragflächen wegfielen. Diese Schläuche sind dafür verantwortlich, dass durch den Sog große Mengen an Treibstoff verloren gehen. Jetzt übernahm der 50-Liter-Haupttank im Gepäckabteil die Funktion, die Tragflächentanks zu entlüften, mit denen er mittels Schläuchen verbunden war. Der Motor erhielt seinen Treibstoff direkt aus allen fünf Tanks, der Rückfluss strömte in den Haupttank und füllte ihn auf. Die Treibstoffpumpe hatte eine Leistung von 100 l/h. 20 Prozent davon verbrauchte der Motor, wogegen 80 Prozent des Rückflusses den Haupttank in etwa 20 Minuten füllten. Um den von den Antennen erzeugten Widerstand zu reduzieren, bauten wir die VOR/ILS-Navigationsempfänger innen in die Tragflächenspitze ein.

Konventionelle Kolbenmotoren funktionieren am besten, wenn ausreichend Sauerstoff vorhanden ist. Da aber der Sauerstoffanteil mit zunehmender Höhe immer geringer wird, verringert sich auch die Leistung des Motors, weshalb die Dienstgipfelhöhe der Pipistrel Virus bei maximal 6000 Metern liegt. Wir mussten also zuerst für zusätzlichen Sauerstoff sorgen, was mittels Turbolader möglich ist. Daher tauschten wir den Rotax-912-Motor gegen den etwas schwereren Rotax-914-Turbolader-Motor aus. Weil aber mit zunehmender Höhe auch der Luftwiderstand geringer wird, fängt die Turbine an, wegen der hohen Drehzahl heiß zu laufen. Es musste also eine weitere Lösung her, ein Kraftfahrzeug-Zwischenkühler. Der Motorhersteller sieht den nicht vor, denn normalerweise bewegt sich ein Flugzeug dieser Größe nie in so dünner Luft. Wegen Schwerpunktproblemen bauten wir den Motor direkt an das Brandschott an, entsprechend den Entwürfen von Sašo Kolar. Und weil er der erste Motor dieser Art war, den Pipistrel in eines seiner Flugzeuge einbaute, gab es eine Menge offener Fragen, die erst nach den ersten Testflügen beantwortet werden konnten. Zudem taugte der reguläre Pipistrel-Propeller für so anspruchsvolle Bedingungen nicht, also ersetzten wir ihn durch einen Propeller des Fabrikats MT-Propeller, der nicht nur Flügen bei schwerem Regen gewachsen war, sondern auch besser für veränderliche Wetterverhältnisse und Schotterpisten gerüstet war.

Wenn man Flüge über mehrere Tausend Kilometer plant, wäre es unvernünftig zu erwarten, dass das Wetter immer sichtfluggeeignet sein wird. Daher entschloss ich mich, auch um das Gewicht zu reduzieren und basierend auf meinen Erfahrungen, alle konventionellen analogen Instrumente auszubauen und durch elektronische zu ersetzen, was zwar nicht den Vorschriften entsprach, aber bei fehlenden sichtbaren äußeren Bezugspunkten einen Instrumentenflug ermöglichte. Und weil es auf dem globalen Markt eine große Auswahl an elektronischer Ausrüstung gibt, traf ich meine Wahl hauptsächlich entsprechend meiner Erfahrung, dem Gewicht, der Leistung, dem Preis des Instruments – und der Bereitschaft der Hersteller zum Sponsoring. Des Weiteren erhielt das Flugzeug einen Autopiloten, der horizontale und vertikale Steuerung ermöglicht, was beim Fliegen bei relativ gutem Wetter eine prima Hilfe ist, während er in gefährlichen Situationen, bei wolkigen Wetterlagen und Turbulenzen, jedoch ausgeschaltet werden muss.

Wenn es keine Möglichkeit zum Druckausgleich gibt, kann ein Sauerstoffmangel in der Luftfahrt ein ernsthaftes Problem darstellen. Unterschiedliche Organismen haben unterschiedliche Toleranzgrade hinsichtlich Situationen mit geringem Sauerstoffdruck, doch entstehen Probleme im Allgemeinen schon bei so geringen Höhen wie 3000 Metern. Daher ist es beim Fliegen in großen Höhen absolut notwendig, zusätzlichen Sauerstoff mitzuführen. Große Flugzeuge haben luftdichte Kabinen, in denen der normale Luftdruck künstlich hergestellt wird. Bei einem so kleinen Flugzeug wie der Virus ist das natürlich nicht möglich. Wegen der Gewichts- und Platzbeschränkungen ließ ich mich auf die Notlösung ein, ein MH(Mountain High)-Zusatzsauerstoffsystem mitzunehmen, das vom Hersteller in Höhen bis zu 7000 Metern (jedoch nicht darüber) getestet worden war. Auf 9000 Meter Höhe ist der Partialdruck so gering, dass das Blut Schwierigkeiten hat, den Sauerstoff bis in die Lungen zu transportieren. Man verwendet daher Druckanzüge oder -systeme, die den Druck und die Sauerstoffkonzentration in großer Höhe verstärken.

Da das Durchfliegen von Wolken bei schlechtem Wetter ohne die richtigen Instrumente höchst gefährlich ist, bauten wir einen Gewitteranzeiger ein, der elektrische Entladungen in der Atmosphäre aufspürt. Die Dichte der angezeigten Entladungen verweist annähernd auf das Zentrum eines Sturms, das es auf jeden Fall zu meiden gilt. Unglücklicherweise hat diese Vorrichtung nie richtig funktioniert, und ich musste mich auf Online-Daten verlassen, die mir Domen Grauf über Satelliten-SMS zukommen ließ, und mit deren Hilfe ich relativ sicher durch Sturmgürtel navigieren konnte.

Der Flugzeugfunkverkehr wird weltweit hauptsächlich über UKW-Funk abgewickelt. Da UKW aber eine sehr begrenzte Reichweite hat, sind unbewohnte Gebiete weiße Flecken, in denen es nicht möglich ist, zu kommunizieren. Große Flugzeuge behelfen sich dort mit Kurzwellen-

PIPISTREL VIRUS-SW (Standard-Konfiguration)

ROTAX MOTOR	ROTAX 912 ULS
KENNGRÖSSE	
Spannweite der Tragfläche	10,71 m
Länge	6,50 m
Höhe	1,85 m
Flügelfläche	9,51 m^2

GEWICHT	ROTAX 912 ULS
Leergewicht	290 kg
max. Startgewicht	450/ 600 kg
Treibstofftankvolumen	2 x 50 l

LEISTUNG	
Landegeschwindigkeit mit ausgefahrenen Klappen	64 km/h
Reisegeschwindigkeit (75 % Motorleistung)	273 km/h
Zulässige Höchstgeschwindigkeit	302 km/h
Max. Fluggeschwindigkeit bei Turbulenzen	250 km/h
Dienstgipfelhöhe	6800 m
Treibstoffverbrauch bei Reisegeschwindigkeit	17,8 l/Std.

funk. Manche Länder wie Chile, Französisch-Polynesien, Indien und die afrikanischen Länder machen Kurzwellenfunk ausdrücklich zur Bedingung, wenn man eine Genehmigung haben will, also verbrachte Robert Likar viel Zeit mit dem Einbau und Erden einer Kurzwellenantenne, die während des Fluges manuell hinten aus dem Flugzeug ausgefahren werden musste. Weil das kleine Plastikflugzeug aber für den Einbau eines Kurzwellensystems völlig ungeeignet war, funktionierte die Vorrichtung während des Fluges nie und war nichts weiter als nutzloses Gewicht, das nur der Zufriedenstellung der Bürokraten diente. Das Iridium-Satellitentelefon, das ich benutzte, funktionierte als Ersatz des Kurzwellenfunks hervorragend – ein gutes Beispiel dafür, dass die Gesetzgebung immer dem technologischen Fortschritt hinterherhinkt und oft die Sicherheit verschlechtert.

Obwohl eine Maschine nicht weiß, wo sie fliegt, und es ihr auch völlig egal ist, ob sie sich in der Nähe eines Flughafens oder irgendwo über dem Pazifischen Ozean bewegt, Tausende Kilometer vom nächsten Land entfernt, ist es manchmal sehr schwer, im Fluggerät eine positive Atmosphäre aufrechtzuerhalten. Motoren versagen, Flugzeuge haben Pannen, das Wetter ist unvorhersehbar und der Pilot nicht aus Stahl, es kann also vieles schiefgehen, weshalb die Rettungsausrüstung einen großen Teil des begrenzten Raumes an Bord des Flugzeugs einnahm. Zur Standardausrüstung kam noch Überlebensausrüstung, die einen Sanitätskasten, Lebensmittel, Getränke, ein Zelt und Kleidung (einschließlich für polare Wetterbedingungen) enthielt, nicht zu vergessen eine Kletterausrüstung (falls ich auf den Gletschern des Himalaja landen müsste), ein spezieller Anzug für das Landen in eisiger See, ein Rettungsfloß für das raue Antarktische Meer, ein Entsalzungsgerät und ein PLB (Personal Locator Beacon), der den Standort des Nutzers über Satellit weitergibt. Meine Klettererfahrung war mir bei der Wahl der Ausrüstung sehr hilfreich, weil auch beim Klettern die Ausrüstung kompakt, leicht und nützlich sein muss. Wir bauten auch einen Rettungsfallschirm ins Flugzeug ein, obwohl ich wild entschlossen war, bei Motorversagen im Meer oder in den tropischen Wäldern zu landen. Der Fallschirm aber könnte mich vor einer tödlichen Situation bewahren und mir eine Überlebenschance geben, falls die Tragflächen vereisen oder vollständig abbrechen sollten.

Ende 2011, direkt vor dem geplanten Abflug, verließ das Flugzeug schließlich das Pipistrel-Werk. Die ersten Testflüge über Ajdovščina wurden noch von unbeantworteten Fragen und Zweifeln hinsichtlich der zahlreichen Modifikationen begleitet. Aber die hervorragende Leistung des Flugzeugs war für jeden, der an seiner Entwicklung teilgenommen hatte, eine große Erleichterung. Trotzdem blieben noch einige Fragen offen. Wie würde das Flugzeug mit den ganzen 350 Litern Treibstoff fliegen? Wie konnte man es auf den unterschiedlichen Flughäfen auftanken? Wie hoch war der tatsächliche Verbrauch? Wie groß war die wirkliche Flugweite? Wie würde es sich auf einer Höhe wie der des Mount Everest verhalten und wie würde der Motor Temperaturen zwischen minus 50 °C und plus 50 °C verkraften?

Die meisten Zweifel, Besorgnisse und Ängste verflogen während des Fluges und jetzt, wo das Flugzeug 91 000 Kilometer – alle Kontinente, alle Ozeane und den Mount Everest – in einem Rutsch überflogen hat, mit dem Nordpol als Ziel im nächsten Jahr, kann ich mit absoluter Sicherheit sagen, dass dies das beste Flugzeug ist, das ich je geflogen bin. Meiner Meinung nach ist es momentan das Einzige in seiner Kategorie, das eine solche Reise bewältigen kann.

SÜD-ATLANTIK

8122 ▪ 31:34

Südatlantik

Ljubljana–Natal

Entfernung: 8122 Kilometer • Flugzeit: 31:34 Stunden

Der Jože-Pučnik-Flughafen in der Nähe von Ljubljana, der Hauptstadt Sloweniens, an einem kalten Januarmorgen. Kameras, Reporter, Sponsoren, Freunde und in der Mitte ein kleines Pipistrel Virus SW 914-Ultraleichtflugzeug, bereit für eine dreimonatige Reise über alle Kontinente und Ozeane unseres blauen Planeten, wie auch über den Himalaja – ein Flug, doppelt so lang wie der Äquator. Es war ein Plan, der mir am ersten Tag der Reise die Knie weich werden ließ. Es gab viele Zweifel. Das Flugzeug, das seinen Erstflug vor nur drei Wochen absolviert hatte, war nicht gründlich getestet worden, und erst die bevorstehenden Langstreckenflüge würden zeigen, ob sich die Theorie der Umbauten in der Praxis bewährte.

Die Räder hoben von ihrem Heimatboden ab, der Flughafen verschwand hinter mir und ich war allein mit meinen Befürchtungen und Zweifeln über die Fähigkeiten meines Flugzeugs – und mit der Frage, ob ich die richtigen Entscheidungen getroffen hatte. Ein Nordwind von 40 Knoten machte die Atmosphäre ziemlich turbulent, und es blieb auch turbulent über dem Mittelmeer auf meinem direkten Weg nach Tanger in Marokko. In der Nähe von Pisa in Italien verschwand das Land. Linker Hand waren nur die Gipfel von Korsika zu sehen, bis auch sie in der Ferne hinter meinem linken Flügel entschwanden. Trotz der aufgewühlten See und des Windes zerstreuten der gleichmäßige Ton meiner Maschine und die gleichbleibende Geschwindigkeit meine Zweifel und stärkten meine Zuversicht. Nach vielen Stunden, in denen es nichts als die blaue See gab, kam schließlich die Nordküste von Menorca in Sicht, danach die Touristenorte auf Mallorca. Das Festland tauchte als erstes vor der spanischen Stadt Almeria auf, mit ihren riesigen, angeblich selbst aus dem Weltraum sichtbaren Gewächshäusern. Über dem Alborán-Meer stieß ich auf eine geschlossene Wolkendecke, die sich erst kurz vor meiner Landung in der Stadt Tanger im Norden Marokkos lichtete.

Es gab eine eintägige Verzögerung, weil der Luftraum wegen der Durchreise des Königs von Marokko gesperrt blieb, wegen bürokratischer Schwierigkeiten in Tanger und weil ich auf Sichtflugwegen um die größeren marokkanischen Städte herumfliegen musste. Aufgrund starker Gegenwinde auf der ganzen Strecke durch Mauretanien und Senegal brach außerdem die Nacht für mich viel zu schnell herein. Die Flugsicherung im Senegal teilte mir mit, dass es in Senegal nicht gestattet sei, nachts nach Sichtflugregeln zu fliegen und wies mich an, einen anderen Flugplatz anzusteuern. Weil aber kein anderer Flugplatz den Treibstoff hatte, den ich brauchte, erbat ich, vom Sichtflug zum Instrumentenflug wechseln zu dürfen, suchte auf meinem iPad nach den elektronischen Jeppesenkarten für den Flugplatz in Dakar und machte mich für eine Nachtlandung bereit.

Der Aéroclub Iba Gueye de Dakar hat eine ereignisreiche Vergangenheit. Sein Gründer war Jean Mermoz, ein legendärer Pilot der französischen Fluggesellschaft Aéropostale, die um 1930 die Luftpost in entlegene französische Kolonien in Südamerika brachte. Auch der Pilot und Schriftsteller

◄ 18/19
42° 53,59' **N** 008° 02,26' **E**
BC = 14 ng/m³

Unter mir das Ligurische Meer und die Nordwestküste der gebirgigen Insel Korsika.

■ 20
39° 42,25' **N** 002° 30,15' **E**
BC = 5 ng/m³

Das terrassierte Dorf Banyalbufar liegt an der Nordwestküste Mallorcas, am Fuß der Gebirgskette Serra de Tramuntana.

Antoine de Saint-Exupéry und Luftfahrtpionier Henri Guillaumet arbeiteten für diese Firma. Alle drei wurden 1939 unsterblich gemacht, als nahe dem Fitz Roy in Patagonien drei Berggipfel nach ihnen benannt wurden. Mermoz stürzte mit vier Mann Besatzung über dem Südatlantik ab.

In Dakar konnte ich nicht den richtigen Treibstoff bekommen. Autobenzin ist nicht unbedingt von guter Qualität und schon gar nicht geeignet für einen anspruchsvollen Flug von 3200 Kilometern über den Südatlantik. Mithilfe meines Freundes Wojciech Mirski, eines Schweizer Arztes, der die richtigen Leute kannte, bekam ich schließlich ein 200-Liter-Fass des verlässlichen 100LL-Flugbenzins. Als Zusatz tankte ich noch 70 Liter gelbes 93-Oktan-Autobenzin, das ich von einer benachbarten Tankstelle in der Stadt holte.

Der Südatlantik liegt in der innertropischen Konvergenzzone, in der sich tagtäglich ein breiter Gürtel von Schlechtwetter bildet, mit Stürmen und heftigen Regengüssen, die um den Mittag herum ihr Maximum erreichen. Deshalb bereitete ich mich darauf vor, in der Mitte der Nacht zu fliegen. Schwärzeste Dunkelheit. Wachen der Airport Security. Papiere in Ordnung. 28 °C und 100 Prozent Luftfeuchtigkeit. Das Flugzeug kam überraschend schnell von der Startbahn frei und die Lichter der Stadt verschwanden bald hinter mir in der dunklen Nacht. Da die Temperaturen von Öl und Wasser ungewöhnlich hoch waren (die Anzeigen blinkten schon rot), hörte ich auf zu steigen und blieb tief über dem schwarzen Ozean. Und als würden die Probleme mit dem Motor nicht reichen, wollte die Flugkontrolle jetzt auch noch, dass ich meine Kurzwellenübertragung testete. Ich hatte große Schwierigkeiten damit, die Antenne am Heck des Flugzeugs auszufahren, weil sie elf Meter hinter dem Flugzeug frei hängen musste. All meine Sendeversuche schlugen fehl. Also teilte ich der Bodenkontrolle mit, dass ich Sendeprobleme hatte und in einer Stunde Kontakt aufnehmen würde. Inzwischen sanken die Temperatur von Wasser und Öl langsam in den gelben und dann in den normalen grünen Bereich, und so stieg ich wieder in die dunkle Nacht hinauf, hinein in kühlere Bereiche, obgleich die Bodenkontrolle von mir verlangte, nach Dakar zurückzukehren. Von Domen bekam ich per Satellitentelefon eine SMS über den empfohlenen Kurs nach Maßgabe der Sturmwarnungen. Ich wendete das Flugzeug fast genau auf Südkurs, was absolut nicht die idealste und kürzeste Strecke nach Brasilien darstellte. Der schmale rote Streifen im Osten verwandelte sich in einen wundervollen Morgen. Ich war 3000 Meter hoch und meine Spannung schwand dahin.

Plötzlich tauchte vor mir eine Wand bedrohlicher Wolken auf, deren Köpfe bis in die Stratosphäre reichten. Mit meinem Flugzeug konnte ich nicht über sie hinwegfliegen. Ich blieb auf Flughöhe FL 100 (3000 Meter) und suchte nach Lücken zwischen den massiven, von Blitzen durchzuckten grauschwarzen Gebilden. Die Glücksgöttin war mir hold, und die kleinen blauen Flecke wurden größer und größer, bis mein winziges Luftfahrzeug aus den Regengüssen in den klaren blauen Himmel über dem sonnenbeschienenen Südatlantik und in die günstigen Passatwinde entkam, die das Flugzeug schneller auf den südamerikanischen Kontinent zuschoben. Ich landete auf dem Natal Airport in Brasilien. Nach diesen ersten Erfahrungen mit einem weiten Meer war ich sehr erleichtert, denn nun war klar, dass das Flugzeug in Höhen über 3000 Metern sogar mit schweren Lasten schnell fliegen konnte. Dass der Motor während des nächtlichen Aufstiegs überhitzte, war höchstwahrscheinlich das Ergebnis des Zusammenwirkens von hoher Temperatur und Luftfeuchtigkeit.

■ 23
28° 38,42' **N** 011° 06,05' **W**
BC = 94 ng/m³

Der Drâa kommt von den Bergen des Hohen Atlas und ist mit 1100 Kilometern der längste Fluss Marokkos.

► 24/25
46° 37,26' **N** 014° 04,10' **E**
BC = keine Daten vorhanden

Mitten im Triglav-Nationalpark, in den Julischen Alpen, befindet sich der höchste Gipfel Sloweniens, der Triglav (2864 Meter).

►► 26/27
37° 42,27' **N** 000° 48,48' **E**
BC = 24 ng/m³

La Manga ist eine Nehrung, die das Mittelmeer von der Salzwasser-Lagune Mar Menor in der spanischen Region Murcia trennt.

►►► 28/29
36° 46,29' **N** 002° 40,46' **W**
BC = 36 ng/m³

Die Halbinsel im Westen von Almería in Andalusien, an der Küste des Alborán-Meers, ist wegen ihrer zahlreichen Gewächshäuser auch als »Plastikmeer« bekannt.

■ 30/31
35° 09,21' **N** 006° 08,43' **W**
BC = 105 ng/m³

Der gerade einmal 100 Kilometer lange Loukkos durchfließt den fruchtbarsten Teil Marokkos und mündet bei der Stadt El Araich (Larache) im Atlantischen Ozean.

► 32/33
31° 46,25' **N** 009° 18,41' **W**
BC = 53 ng/m³

Die bewirtschafteten terrassierten Hügel nahe der Stadt Tidili Fetouaka in der marokkanischen Provinz Azilal.

►► 34/35
33° 13,38' **N** 007° 06,28' **W**
BC = 52 ng/m³

Der Tamesna-Damm, 90 Kilometer südlich von Rabat.

■ 36/37
28° 07,59' **N** 011° 38,51' **W**
BC = 104 ng/m³

Die erodierte Landschaft des Wüstenplateaus an der Grenze zwischen Marokko und der Westsahara, nahe der Atlantikküste.

► 38/39
23° 17,36' **N** 014° 16,58' **W**
BC = 149 ng/m³

Der politische Status der Westsahara ist umstritten, weil dieser Landstrich sowohl vom Königreich Marokko als auch der Demokratischen Arabischen Republik Sahara beansprucht wird.

►► 40/41
06° 25,38' **N** 020° 33,50' **W**
BC = 224 ng/m³

Die innertropische Konvergenzzone (ITCZ) ist ein Tiefdruckgürtel, der sich in Äquatornähe durch den Südatlantik zieht.

KARIBIK

6677 ▪ 25:37

Karibik

Natal–Cayenne–Sebring

Entfernung: 6677 km · Flugzeit: 25:37 Stunden

Mit seinen sieben Millionen Quadratkilometern ist das Becken des Amazonas das größte Flussbecken weltweit. Seine Wasser fließen in den zweitlängsten Fluss der Welt, den Amazonas, der nur wenige Kilometer kürzer ist als der Nil. Diese riesigen Wasserflächen entsprechen einem Fünftel aller Wasserflächen der Erde. Ich freute mich schon darauf, über die 150 Kilometer breite Mündung dieses enormen Flusses fliegen zu dürfen. Leider hatte das Schicksal anderes mit mir vor.

Ich verließ das sonnige Natal und flog entlang der brasilianischen Küste, wobei ich mich in der turbulenten Luft durch die tief hängenden Wolken schlängelte, bis ich die herrlichen Sanddünen des Lençóis-Maranhenses-Nationalparks in der Nähe von São Paulo erreichte. Die Seen des Parks waren ausgetrocknet und boten einen weniger aufregenden Anblick als das helle, türkisfarbene Wasser, das ich aufgrund des gesehenen Werbematerials erwartet hatte. Etwa 150 Kilometer von Belém entfernt flog ich in eine Wand dicker, grauer, tropischer Wolken, die den Blick auf die Mündung des Amazonas verhüllten. Heftiger Regen begann auf das Flugzeug einzuprasseln, und das Wasser drang von allen Seiten in die Kabine ein. Der Gewitterwarner hatte den Dienst aufgegeben und mir keinerlei Information über in den Wolken lauernde Stürme hinterlassen. Ich blieb über dem Meer, wo das Wetter für gewöhnlich schneller aufklart. Dann rief ich Domen in Slowenien an, der im Internet nach Satelliten- und Radarbildern des vor mir liegenden Gebiets suchte und mich um die heftigsten Sturmbereiche herumlotste. Unglücklicherweise war das Wetter in Französisch-Guayana nicht viel besser. Nur 100 Kilometer von Cayenne entfernt informierte mich ein Fluglotse, dass die Wolkenbasis auf 500 Metern liege. Also flog ich auf geringer Höhe über den Dschungel hinweg und blieb die ganze Strecke bis zum Flughafen in der Nähe der Hauptstadt so tief. Auch hier tobten die tropischen Regengüsse. Glücklicherweise fand ich einen trockenen Fleck unter dem Dach eines offenen Hangars, wo ich in die Hülle der Gepäckabteilung Löcher bohrte, um das »brasilianische Wasser« aus dem Flugzeug abzuleiten.

Zuhause hätte ich es nie in Erwägung gezogen, bei diesem Wetter auch nur das Hangartor zu öffnen. Aber hier, in Guayana, war es in dieser Jahreszeit normal, weshalb es auch eine Weile dauern konnte, bis das Wetter endlich aufklaren würde. Nachdem ich mit dem Fluglotsen gesprochen hatte, der erwähnte, dass die Stürme über dem offenen Meer weit weniger heftig seien und dass sich zwischen den dicken Wolkenlagen oft offene Korridore bildeten, entschied ich mich schnell, den Plan für einen Instrumentenflug einzureichen und direkt aufs offene Meer zuzuhalten, geradewegs nach Puerto Rico. Über den Flughafen peitschten horizontale Regenschauer. Domens SMS informierte mich, dass das Gebiet vor mir auf den Online-Radarbildern vollständig rot sei und die Wolken so niedrig, dass sie fast den Boden berührten. Ich aber vertraute den Experten vor Ort und hob zu einem ziemlich magenumdrehenden Flug (beziehungsweise einer Flucht) von Französisch-Guayana ab.

Die »Teufelsinsel«, eine der drei »Inseln des Heils«, liegt gerade etwas mehr als zehn Kilometer vor der Küste von Kourou. Gut hundert Jahre lang diente sie als umstrittene französische Strafkolonie,

◄ 42/43
23° 24,50' **N** 076° 33,04' **W**
BC = 22 ng/m³

Riffe in der Karibik, westlich der zu den Bahamas gehörenden Exumas.

■ 44
02° 32,59' **S** 043° 02,50 **W**
BC = 133 ng/m³

Östlich von São Luís in Brasilien liegt der Lençóis-Maranhenses-Nationalpark mit seinen Sanddünen und Süßwasserlagunen.

zu deren Insassen der berühmte französische Offizier Alfred Dreyfus und der Schriftsteller Henri Charrière gehörten. Letzterem gelang es, von der Insel zu fliehen und einen Roman mit dem Titel »Papillon« zu schreiben. Leider verbargen sich die Inseln, auf denen sich jetzt das Raumfahrtzentrum von Guayana befindet, hinter Regenwolken.

Kaum mehr als eine Stunde vor Barbados lichteten sich die Wolken und enthüllten Flecken des blauen Himmels mit aufragenden einzelnen Cumulonimbus-Sturmwolken, die ich leicht umfliegen konnte. Zu dieser Jahreszeit ist das Wetter in der Karibik meist gut – im starken Kontrast zur Hurrikansaison in den Sommer- und Herbstmonaten.

Um die komplizierten Zollformalitäten für die Einreise in die Vereinigten Staaten zu umgehen, plante ich, in San Juan, der Hauptstadt von Puerto Rico, zu landen, das offiziell zu den USA gehört. Seit dem 11. September 2001 ist die amerikanische Bürokratie äußerst streng, was für den Reisenden häufig entwürdigende Prozeduren bei der Überprüfung der unbedeutendsten Details mit sich bringt. Puerto Rico erwartete mich in herrlichen Abendfarben. Am Flughafen begrüßte mich ein sehr freundlicher Mitarbeiter. Es war nach so vielen Warnungen eindeutig die richtige Entscheidung gewesen, wegen der bürokratischen Formalitäten nicht in Miami, Florida, zu landen.

Es folgte ein unvergesslicher Tag über und inmitten der vibrierenden Farben der Karibik, die von einer Stunde zur anderen wechselten. Die Ausblicke waren so fantastisch, dass ich das Flugzeug einfach nicht gerade halten konnte. Ich stieg, sank, schwenkte nach links, nach rechts und im Kreis herum oder flog direkt über dem Boden. Einfach unfassbar. Die Stunden zogen viel zu schnell vorbei. Als die Bahamas hinter mir verschwanden, fing der Fluglotse in Miami an, mir Probleme zu machen, indem er darauf bestand, dass ich auf dem sehr verkehrsreichen Flughafen von Miami landen solle, um einige Zollformalitäten zu erledigen. Je länger ich versuchte, ihm zu erklären, dass die Formalitäten bereits erledigt seien, desto mehr insistierte er, dass ich nach Miami zu fliegen habe. Ich verlangte die direkte Telefonnummer des Zollbüros und rief dort über Satellitentelefon an. Der Zollbeamte war sogar noch feindseliger. Also gab ich schließlich nach, verließ die herrliche Szenerie der großen Feuchtgebiete des Everglades-Nationalparks – der Traum jedes Fotografen – und steuerte die überbevölkerte Hauptstadt Floridas nach den Anleitungen des Fluglotsen an. Stark beflogene Flugplätze leiten die Flugzeuge mit Höhen- und Richtungsangaben entsprechend ihres Radars. Nach einer langen Reihe von Platzrunden wiesen sie mich schließlich an, auf der Landebahn 08L zu landen.

Trotz meiner Proteste führte das unfreundliche Personal ein gründliches und langwieriges Prozedere durch. Als sie schließlich geruhten, in meinen Pass zu schauen und die Zolldokumente aus Puerto Rico zu konsultieren, waren sie peinlich berührt und begannen, sich für die unnötige Landung zu entschuldigen. Sie hatten gemeint, ein so kleines Flugzeug könne nicht direkt nach Florida geflogen sein und waren sicher, dass ich irgendwo unterwegs gelandet sein musste. Als ich schon an Bord des Flugzeugs war und die Rollfreigabe erhalten hatte, erinnerte mich der Fluglotse daran, dass ich die Landegebühr zu zahlen habe. Natürlich protestierte ich heftig dagegen und schlug vor, sie den Bürokraten beim Zoll in Rechnung zu stellen. Nachdem ich mehrere Male auf meiner Rollfreigabe bestanden hatte, erhielt ich schließlich grünes Licht und hob in den sonnigen Himmel ab. Dort flog ich ganz tief über dem Horizont direkt zum Everglades-Nationalpark und von dort weiter nach Sebring, wo mich Michael Coates, Pipistrels Repräsentant für Australien und die USA, erwartete.

■ 47
23° 56,13' **N** 077° 38,51' **W**
BC = 12 ng/m^3

Die Insel South Andros, die zu den Bahamas gehört, ist bedeckt von Salzmarschen, Brackwasser und blauen Löchern, die Öffnungen zu Unterwasser-Höhlensystemen darstellen.

► 48/49
02° 54,20' **S** 041° 23,00' **W**
BC = 219 ng/m^3

Im Nordosten Brasiliens – dort, wo der Lago da Santana in den Atlantik abläuft – liegt die Stadt Barrinha.

■ 50/51
05° 05,52' **S** 037° 33,17' **W**
BC = 1140 ng/m³

Abgesehen von der Antarktis hat der brasilianische Bundesstaat Rio Grande do Norte die sauberste Luft der Welt.

► 52/53
02° 44,15' **S** 041° 59,43' **W**
BC = 260 ng/m³

Mit 1700 Kilometern ist der Parnaíba der längste ausschließlich brasilianische Fluss. Bevor er in den Atlantik mündet, bildet er eines der größten Deltas der Erde, bewachsen mit üppigen Mangrovenwäldern.

►► 54/55
01° 07,03' **N** 049° 42,33' **W**
BC = 34 ng/m³

Einer der vielen Arme des breiten Deltas des zweitlängsten Flusses der Welt, des Amazonas.

■ 56/57
11° 56,59' **N** 058° 50,38' **W**
BC = 5 ng/m³

In der tropischen Hitze über der Karibik steigt feuchte Luft auf, wodurch oft Stürme entstehen.

► 58/59
14° 34,21' **N** 060° 49,03' **W**
BC = 9 ng/m³

Korallenriffe in der Vauclin-Bucht im südöstlichen Teil der Insel Martinique.

►► 60/61
22° 34,54' **N** 074° 10,01' **W**
BC = 40 ng/m³

Unterwasser-Korallenriffe in der Lagune von Crooked Island auf den Bahamas.

■ 62/63
22° 12,52' **N** 074° 13,59' **W**
BC = 32 ng/m^3

Blaue Löcher auf Acklins Island, Bahamas.

► 64/65
24° 01,43' **N** 077° 49,28' **W**
BC = 9 ng/m^3

Der West-Side-Nationalpark auf Andros Island, Bahamas.

NORD-AMERIKA

3570 ▪ 16:48

Nordamerika

Sebring–Calexico

Entfernung: 3570 km · Flugzeit: 16:48 Stunden

Den südlichen Teil der Halbinsel Florida bedecken ausgedehnte subtropische Feuchtgebiete entlang des Kissimmee River. Sie stehen seit 1947 als Teil des Everglades-Nationalparks unter Schutz. Wegen seiner natürlichen Vielfalt und Bedeutung für die weitere Region gehört dieses Gebiet auch als »Internationales Biosphärenreservat, Feuchtgebiet von internationaler Bedeutung und im Rahmen des Cartagena-Vertrags besonders geschützter Bereich« zum UNESCO-Weltnaturerbe der Menschheit.

Der Sebring Regional Airport liegt nördlich des Lake Istokpoga und wird hauptsächlich von kleineren Flugzeugen genutzt. Dort befindet sich auch der Hauptsitz von Lockwood Aviation, einer Firma, die Rotax-Motoren wartet, von denen einer den Propeller meiner Virus antrieb. Die Experten befanden, dass mein Motor in ausgezeichnetem Zustand war und bereit für neue Abenteuer über den südlichen Staaten von Nordamerika.

Bald startete mein Flugzeug bei windigem, aber gutem Wetter in die turbulente Winterluft von Florida hinein. Zu meiner Linken lag der Golf von Mexiko mit den langsam mäandernden Flüssen, die in ihn münden. Das überwiegend landwirtschaftlich genutzte Land hat keine eigentliche Farbe. Die Bäume sind fast kahl. Es ist nichts weiter als eine große monotone Ebene, die hier und dort von bescheidenen Flecken natürlich wachsender Wälder, kleiner Seen oder sich schlängelnden Flussläufen belebt wird.

Im Westen begann schlechteres Wetter aufzuziehen. Die großen Städte wie Panama City und Pensacola in Florida sowie Mobile in Alabama und die in der Nähe liegenden Militärbasen machen das Fliegen in diesem Luftraum zu einer wahren Herausforderung. Wegen des hohen Flugaufkommens, der eng getakteten Fluglotsen, der mit störenden Turbulenzen einhergehenden, tief hängenden Wolken, des Ausweichens von Flugverbotszonen, der ständigen Frequenzwechsel und der häufigen Abänderungen meiner Flugroute hatte ich fast keine Zeit, Fotos zu machen. Auf Alabama folgte Mississippi und ein Flug über den dreckigen und belebten Mississippi River. Er ist der zehntlängste Fluss der Welt und leitet die Abwässer der ausgedehnten Region von New Orleans ab – der Stadt, die im Jahre 2005 infolge des Hurrikans »Katrina« überflutet wurde. Ich flog am De Soto National Forest vorbei, unter den tief liegenden Wolken über Louisiana hinweg (in ständiger Furcht, mit den hohen Antennen zu kollidieren) und erreichte schließlich Texas, wo das Wetter etwas besser wurde. Dort konnte ich die Wolken zum Sonnenlicht durchstoßen, und schon war das Leben wieder viel angenehmer.

Unter diesen Wetterbedingungen waren am nächsten Morgen niedrig hängende Wolken und Nebel zu erwarten. Also änderte ich mein ursprüngliches Ziel, einen kleinen Flughafen am nördlichen Ufer des Canyon Lake, und schwenkte auf den größeren San Marcos Municipal Airport nördlich von Houston um, der für Instrumentenflug ausgestattet ist.

◄ 66/67
30° 11,32' **N** 092° 42,53' **W**
BC = 320 ng/m³

Reisfelder in der Nähe von Jennings, im südlichen Louisiana.

■ 68
30° 37,28' **N** 084° 54,45' **W**
BC = 70 ng/m³

Das mäandernde Feuchtgebiet des Apalachicola River in Florida, bevor der Fluss in den Golf von Mexiko mündet.

Der exzellente Service einer der besten Flugschulen des Landes, Redbird Skyport in San Marcos, zeugte für mich ein weiteres Mal davon, wie groß der Abstand zwischen Nordamerika und der restlichen Welt in Sachen Flugwesen ist. Niedrige Kosten, ausgezeichnete Organisation, freier Zugang zu Wetterinformationen, einfache Vorlage des Flugplans und insbesondere sehr kooperative Fluglotsen vor Ort.

Am Morgen war der Flughafen in dicken Nebel eingehüllt. Dazu kam leichter Nieselregen, der die Flugbedingungen für ein kleines Flugzeug ziemlich ungünstig gestaltete. Aber die Informationen, die von auf großer Höhe fliegenden Maschinen hereinkamen, waren sehr ermutigend. Ihnen zufolge betrug die Dicke der Wolkenschicht etwa 1000 Meter. Also reichte ich meine IFR-Flugplanung ein und hob ab. Sofort erhielt ich von Fluglotsen in Houston Vektoren, die mich bald aus dem Seenebel heraus in die Sonne brachten. Ich schaltete auf Sichtflug und erhielt die Genehmigung, nach Kalifornien zu fliegen. Inzwischen kümmerte sich keiner mehr darum, was ich tat, und das ist genau die Freiheit, nach der wir uns in Europa so sehr sehnen.

Die vorhergesagten Windbedingungen waren mit direkten Gegenwinden von mehr als 40 Knoten sehr schlecht. Selbstverständlich bedeuten starke Winde in den gebirgigen Wüstenlandschaften von Texas und New Mexico auch starke Turbulenzen, die ein Flugzeug in allen Richtungen kräftig durchschütteln. In den Bergen vor El Paso, das auf einem 1200 Meter hohen Plateau an der Dreiländergrenze zwischen Texas, Mexiko und New Mexico liegt, wurde der Wind so stark, dass die Geschwindigkeit des Flugzeugs auf die minimale konstante Fluggeschwindigkeit von 65 Knoten über Grund sank, was bedeutete, dass auch der Gegenwind mindestens 65 Knoten stark sein musste. Domen, der meine Fortschritte von zu Hause aus mithilfe des Spidertracks-Satellitenprogramms verfolgte, bemerkte meine ziemlich geringe Fluggeschwindigkeit, überprüfte die Windkarten und schickte mir eine SMS mit der Information, dass es weiter unten, direkt über dem Boden, weniger windig sei. Doch obwohl der Gegenwind dort unten tatsächlich geringer war, verursachten die thermischen Winde der Wüste solche Turbulenzen, dass ich gezwungen war, meine Geschwindigkeit beträchtlich zu reduzieren. Deshalb hatte ich leider nicht viel von meinem Tiefflug.

In Tucson, Arizona, besserten sich Windgeschwindigkeit und -richtung ein wenig. Dann, in den Abendstunden, wurde auch das Fliegen wieder angenehmer. Inzwischen war die bergige Wüste hinter mir verschwunden, und die Landschaft änderte ihre Gestalt. Südlich von Phoenix tauchten mehr und ausgedehntere Bewässerungssysteme auf. Nördlich von Yuma, einer Stadt an der Grenze zu Kalifornien, überquerte ich den müden Colorado River. Weil der mächtige Fluss, der eine der größten Schluchten der Welt, den Grand Canyon, geschaffen hat, das meiste Wasser hinter den Staudämmen der Seen Mead und Havasu, nahe Las Vegas, sowie im endlosen Netz der Bewässerungskanäle verliert, war die lang erwartete Landschaft des Flusses eine echte Enttäuschung. Der Hauptkanal ist kaum größer als die Kanäle, die in den mexikanischen Feldern verschwinden und das wenige verbliebene Wasser etwa 100 Kilometer entfernt in den Golf von Kalifornien leiten. Das einst ausgedehnte Ökosystem des Flussdeltas hat sich nach dem Bau der Dämme drastisch verkleinert und die Zusammensetzung von Flora und Fauna völlig verändert.

Ich zog weiter in Richtung der kleinen Grenzstadt Calexico, setzte in den letzten wenigen Sonnenstrahlen zum Sinkflug an und landete auf einer ziemlich heruntergekommenen Piste, die fast an die mexikanische Grenze reichte. Den Zollbeamten erwischte ich gerade beim Verlassen des Flughafens. Er gewährte mir meine Ausreisegenehmigung ohne viel Tamtam. Nachdem ich das Flugzeug aufgetankt hatte, war ich bereit, mein neues Abenteuer über Zentralamerika anzugehen.

■ 71
31° 00,44' **N** 102° 02,26' **W**
BC = 21 ng/m³

Der Rio Pecos kommt aus New Mexico und mündet in den Rio Grande in Texas. Zur Zeit der spanischen Kolonisierung bildete der Fluss die Grenze zum »Wilden Westen«.

► 72/73
30° 15,02' **N** 092° 19,33' **W**
BC = 300 ng/m³

Reisfelder in der Nähe von Crowley, Louisiana, der »Reishauptstadt Amerikas«.

►► 74/75
30° 42,48' **N** 088° 00,11' **W**
BC = 118 ng/m³

Eine Autostraße durchquert das weite Delta des Mobile River in Alabama.

►►► 76/77
30° 06,59' **N** 094° 17,24' **W**
BC = 349 ng/m³

Nicht nur fällt in Südosttexas eine Regenmenge von mehr als 1500 Millimetern pro Jahr, es wird auch von verheerenden Stürmen heimgesucht.

■ 78/79
30° 48,19' **N** 100° 58,47' **W**
BC = 16 ng/m³

Öl- und Gasquellen in den Kalksteinschichten in Zentraltexas, in denen sich außerdem das berühmte Karsthöhlensystem der »Caverns of Sonora« verbirgt.

► 80/81
30° 19,21' **N** 098° 29,26' **W**
BC = 78 ng/m³

Der Zusammenfluss von North Grape Creek und Pedernales River. Hier kam es im 18. Jahrhundert zu Scharmützeln zwischen den einheimischen Apache-Indianern und den spanischen und deutschen Siedlern.

►► 82/83
32° 22,57' **N** 109° 43,07' **W**
BC = 43 ng/m³

Das unberührte Gebiet der Dos Cabezas Mountains ist eine gebirgige Region in den Wüstenhochebenen des südlichen Arizona.

►►► 84/85
32° 25,17' **N** 109° 52,05' **W**
BC = 45 ng/m³

Landwirtschaftlich genutztes Land auf den Hochebenen im südlichen Arizona am Fuß des Mount Graham, einem heiligen Berg der westlichen Apache-Indianer.

ZENTRAL-AMERIKA

5837 ▪ 23:04

Zentralamerika

Calexico–Esmeralda

Entfernung: 5837 Kilometer • Flugzeit: 23:04 Stunden

Calexico, Kalifornien, liegt 160 Kilometer südöstlich von San Diego. Auf der anderen Seite der Grenze befindet sich die benachbarte Schwesterstadt Mexicali, nach Tijuana die zweitgrößte mexikanische Stadt in Baja California. Beide Städte durchfließt der New River, einer der am stärksten verschmutzten Flüsse der Vereinigten Staaten.

Im Zwielicht des Morgens kreiste ich in der Luft über dem Flughafen, während ich versuchte, mit den Fluglotsen in Los Angeles Kontakt aufzunehmen, um in den mexikanischen Luftraum einfliegen zu können. Von meinem Flug durch Mexiko hatte ich nur eine verschwommene Vorstellung mit Bildern von exotischen Abenteuern und geheimnisvolle Erwartungen. Zu meiner großen Überraschung war der Funkkontakt mit dem Tower des General Rodolfo Sánchez Taboada International Airport ausgezeichnet und klar verständlich. Das Wetter war gut, doch ich blieb auf niedriger Höhe, um von den zahllosen interessanten Orten Fotos zu machen. Auf den ausgedehnten geothermalen Feldern in der Nähe von Ejido Hidalgo steht ein berühmter Komplex zur geothermischen Stromgewinnung, Cerro Prieto, mit seinen fünf geothermischen Kraftwerken und einer Gesamtleistung von etwa 800 MW. Im Süden erreichte ich bald die bescheidenen Überreste des einst mächtigen Colorado River, die in einer Myriade von Bewässerungskanälen verschwinden, bevor sie schließlich im Golf von Kalifornien enden.

Sonora, einer der 31 Staaten Mexikos, ist ein Wüstengebiet zwischen der westlichen Vulkankette der Sierra Madre und dem Golf von Kalifornien. Der Staat ist bekannt für seine sandigen Strände. Mein morgendlicher Flug über die langen Schatten der ausgedehnten Dünen zeigte versteckte Wüstenszenen, die nur von der Luft aus zu sehen sind. Während des Tages ließ die Sicht nach, und der Flug wurde erneut turbulent. Auch die Landschaft veränderte sich, als ich den Bundesstaat Sinaloa erreichte. Dort gab es keine Wüstendünen mehr, sondern ausgedehnte landwirtschaftliche Gebiete, die sich bis zu den vorwiegend bewaldeten Hängen der 1500 Kilometer langen Bergkette der westlichen Sierra Madre erstrecken, deren mit 3311 Metern höchster Punkt der Cerro Mohinora ist.

In der Kühle des Abends und wegen des vom Meer aufsteigenden Dunstes wurde die Sichtweite noch geringer. Die Stadt Puerto Vallarta im mexikanischen Staat Jalisco war in dicken Nebel eingehüllt. Ich konnte nur noch die über 2000 Meter aufragenden höchsten Gipfel der bewaldeten Kämme erkennen.

Knapp eine Stunde später begann ich ohne sichtbaren Bezugspunkt meinen Sinkflug in Richtung des Playa de Oro International Airport, der westlich von Manzanillo, der größten Touristenstadt im Staat Colima, liegt. Erst als ich mich 300 Meter über dem Flughafen befand, konnte ich die Landebahn erkennen, die nur wenige Meter von den sandigen Stränden des Pazifischen Ozeans verläuft.

Die erneute bürokratische Herausforderung, die am Morgen auf mich wartete, wurde durch Hugo Herrera, einen Unternehmer und Pipistrel-Repräsentanten für Mexiko, viel leichter, kürzer und weniger kostspielig. Inzwischen versuchten die Strahlen der Sonne, den Nebelschleier zu durchdringen. Das versprach gutes Wetter auf größeren Höhen. Nach einer langen Verzögerung, die letztlich viele

◄ 86/87
32° 01,25' **N** 114° 19,29' **W**
BC = 25 ng/m³

Das morgendliche Spiel der Schatten auf den Dünen der Sonora-Wüste in Nordmexiko, südwestlich der Bergkette Sierra del Rosario.

■ 88
31° 07,55' **N** 113° 05,21' **W**
BC = 30 ng/m³

La Punta de San Jorge an der Wüstenküste Mexikos im nördlichsten Teil des Golfs von Kalifornien.

Probleme nach sich zog, war ich endlich wieder in der Luft. Es folgte ein tiefer Flug über den herzförmigen Hafen von Manzanillo, wo ich an der Außenseite der Lagune von Cuyotlán einen der Gründe für den Nebel an der mexikanischen Küste entdeckte: das Wärmekraftwerk Manuel Álvarez. Von den schönen Fotografien, die ich entlang der mexikanischen Küste machen wollte, kamen nur wenige zustande wegen des Nebels in den Staaten Michoacán, Guerrero, Oaxaca und Chiapas. Ich verließ die Küste über dem Huatulco-Nationalpark im Staat Oaxaca, der für seine reiche Flora und Fauna und die Mangrovenwälder bekannt ist. Gute 400 Kilometer später, über dem Golf von Tehuantepec, wo der Südostwind stärker und die Sichtweite besser wurde, erreichte ich wenige Kilometer von Guatemala entfernt erneut Land. Ich folgte der Küstenlinie, weil sich im Innern des Landes um die Vulkane Fuego, Agua und Pacaya herum bereits Stürme mit hohen Cumuluswolken zusammenbrauten, die mir den Weg zum Flughafen von Guatemala City, der Hauptstadt der Republik Guatemala, versperrten.

Noch immer hatte ich mit einem ungünstigen Gegenwind zu kämpfen und langsam wurde mir klar, dass ich mein Ziel, den Daniel Oduber Quirós International Airport in Liberia, Costa Rica, vor seiner Schließung nicht erreichen würde.

Also flog ich weiter entlang der agrarisch bewirtschafteten Küste von El Salvador. An meiner linken Seite bewegte sich eine Sturmfront, und ich hatte keine Ahnung, wo ich landen sollte. Meine einzige Alternative war Managua, die Hauptstadt von Nicaragua, aber dort erhielt ich keine Landeerlaubnis. Doch daheim in Slowenien gelang Domen ein kleines Wunder. Es kostete ihn einige Stunden seines Sonntagnachmittags, aber er schaffte es, die Bürokraten in Nicaragua aus dem Bett zu holen. Endlich hatte ich die Genehmigung, auf dem Aeropuerto Internacional Augusto César Sandino in Managua landen zu dürfen. Der Wettlauf gegen die Zeit über dem windigen Golf von Fonseca und das unaufhaltsame Anrücken der Nacht aus der Richtung der Vulkane Cristóbal und Momotombo fand so ein glückliches Ende, als ich endlich in der Ferne den Umriss des Apoyeque-Vulkans ausmachte, hinter dem die Hauptstadt mit ihrer erleuchteten Landebahn lag.

Nur wenige Augenblicke vor der Landung erhielt ich von Domen via Satellitentelefon eine SMS, in der er mir bestätigte, dass ich die Erlaubnis zum Landen hatte. Das stärkte mein Vertrauen ein wenig, als mich nach der Landung eine große Abordnung von Soldaten, Polizisten, Zollbeamten, Repräsentanten der Zivilluftfahrt, Vertretern der Abfertigungsgesellschaft, Drogenfahndern usw. erwartete. Trotzdem wurde das Flugzeug genauestens durchsucht, auch von Drogensuchhunden, weshalb ich erst tief in der Nacht in meinem Hotel ankam.

Am folgenden Morgen wiederholte sich die gesamte bürokratische Prozedur in umgekehrter Reihenfolge. Eine weitere Verzögerung verursachten die Treibstoffprobleme, weil es nur Avgas 100/130 gab, das ich schweren Herzens nach langen Auseinandersetzungen in die Tanks füllte. Inzwischen war es später Nachmittag, als ich endlich in die turbulente Luft starten und meinen Weg über den Managua-See durch die Sturmwolken hin zu den hohen Bergen Costa Ricas fortsetzen konnte. Auf der Strecke zur Panama-Bucht überflog ich mindestens zehn Nationalparks, einige davon waren leider unter dicken Wolkenschichten verborgen.

Da ich mit den Fluglotsen in Panama leider keine Verbindung herstellen konnte und die Wettervorhersage für Kolumbien und Ecuador sehr schlecht war, traf ich die schwierige Entscheidung, den Kurs zu ändern und direkt über die 800 Kilometer breite Panama-Bucht in die Küstenstadt Esmeraldas, Ecuador, zu fliegen. Während des letzten Teils des Fluges bewegte ich mich bei gelegentlichem Regen in den Wolken. Quito, die Hauptstadt von Ecuador, liegt zwischen zwei Bergkämmen auf einer Höhe von fast 3000 Metern. Um sie herum bewegte sich eine Reihe von starken Stürmen, weshalb ich zur Mündung des Esmeraldas River an die Küste zurückkehren musste. Eine andere Wahl hatte ich nicht.

■ 91
29° 03,57' **N** 111° 01,02' **W**
BC = 15 ng/m^3

Die Stadt Hermosillo, die am Fuß des Berges Cerro de la Campana liegt, ist die Hauptstadt des mexikanischen Bundesstaates Sonora.

► 92/93
32° 24,39' **N** 115° 17,59' **W**
BC = 25 ng/m^3

Das geothermische Feld in Cerro Prieto im nördlichen Mexiko liegt im tektonischen Bereich des San-Andreas-Grabens und zählt zu den größten der Welt.

►► 94/95
32° 13,05' **N** 114° 53,24' **W**
BC = 25 ng/m^3

Östlich des Colorado-River-Deltas liegt die Sonora-Wüste.

►►► 96/97
21° 42,29' **N** 105° 26,39' **W**
BC = 5 ng/m^3

Der Rio Grande de Santiago mündet in den verschmutzten Chapala-See nahe der Stadt Guadalajara mit ihren mehr als eine Million Einwohnern. In den See fließt auch der zweitlängste mexikanische Fluss, der Lerma.

■ 98/99
13° 20,09' **N** 088° 57,11' **W**
BC = 490 ng/m³

Umgeben von üppigen Mangrovenwäldern liegt an der Mündung des Flusses Jaltepeque der Ort San Luis La Herradura.

► 100/101
13° 14,01' **N** 088° 41,16' **W**
BC = 310 ng/m³

Das Jiquilisco-Bay-Biosphärenreservat ist das größte Mangrovensumpf-Ökosystem in El Salvador.

■ 102/103
12° 27,21' **N** 086° 51,50' **W**
BC = 128 ng/m³

Die fruchtbaren Ebenen am Fuß des Vulkans Telica in Nicaragua.

► 104/105
13° 31,18' **N** 089° 39,57' **W**
BC = 575 ng/m³

Die südliche Küste von El Salvador, östlich der Touristenstrände von Los Cóbanos.

►► 106/107
12° 39,03' **N** 087° 17,42' **W**
BC = 130 ng/m³

Das Departamento Chinandega im westlichen Nicaragua besteht überwiegend aus landwirtschaftlich genutzten Flächen.

►►► 108/109
09° 57,00' **N** 084° 10,44' **W**
BC = 29 ng/m³

An den fruchtbaren Südhängen des Vulkans Poás liegt auf einer Höhe von 1000 Metern San José, die Hauptstadt Costa Ricas.

ECUADOR–PERU

3162 ▪ 14:30

Ecuador–Peru

Esmeraldas–Arica

Entfernung: 3162 Kilometer • Flugzeit: 14:30 Stunden

Die Küstenstadt Esmeraldas ist die Hauptstadt der gleichnamigen Provinz Ecuadors. Obwohl sie weniger als 200 Kilometer von Quito entfernt liegt, der auf 2800 Metern Höhe gelegenen Hauptstadt des Landes, hat sie ein komplett anderes, tropisches Klima.

Die Regensaison im Januar bringt große Mengen an Niederschlag mit sich und hüllt die Andenvulkane und -gletscher in dicke Wolkenlagen ein. Dies war auch so an dem Morgen, als mein Flugzeug das feuchte Klima verließ und in das Herz der schweren Wolken vorstieß. Flug nach Instrumenten, Eis auf der Oberfläche der Tragflächen auf einer Höhe von 5000 Metern, ein blindes Absinken auf die »Allee der Vulkane« und die Landung auf dem alten Aeropuerto Internacional Mariscal Sucre im Zentrum Quitos, der wegen zahlreicher Unfälle 2013 geschlossen wurde und einen neuen Standort etwa 18 Kilometer östlich der Stadt erhielt, waren die Folgen.

Ohne den Repräsentanten von Pipistrel, Julio Vizente, hätte das Erledigen der zivilen und militärischen Bürokratie unendlich lang gedauert. Da der Flughafen einer der verkehrsreichsten in Südamerika ist, war es unmöglich, eine Wartung für das Flugzeug zu erhalten. Daher flog ich am folgenden Tag, nach fünf Stunden bürokratischer Komplikationen, zu einem kleinen Militärflughafen namens Ambato weiter, wo Uve Nikelson und sein Vater den Motor inspizierten. Die Berge waren noch immer von Wolken umhüllt, und so konnte ich meinen lang gehegten Traum nicht erfüllen, einen gletscherüberzogenen Vulkan wie den Cotopaxi und den Chimborazo zu umrunden. Auch die Wettervorhersage für die nächsten Tage war schlecht. Deshalb folgte ich am nächsten Tag Julios Flugzeug über den Pass südlich des 5000 Meter hohen Iliniza Sur. Dort trennten wir uns und stießen hinab durch die 3500 Meter hoch reichende Wolkenschicht über den überfluteten Ebenen vor Guayaquil, der mit fast vier Millionen Einwohnern größten Stadt Ecuadors. Oft führten uns unsere Bemühungen, dem schlechten Wetter zu entgehen, hin und her über den Äquator, der genau dort durch Ecuador verläuft.

Im Río Guayas, dem wichtigsten Fluss Ecuadors, der zu dieser Jahreszeit wegen der riesigen Wassermengen gern überquillt, strömt das Schmelzwasser der Gletscher aus neun Provinzen zusammen und fließt nach fast 400 Kilometern in einem ausgedehnten und verzweigten Delta in den Pazifischen Ozean.

Der Morgen begann sehr düster. Ich fühlte mich nicht sehr gut, was bei den tief hängenden, wassergefüllten Wolken über mir kein Wunder war. Während ich das Flugzeug vorbereitete, fegte der Wind lange Regenvorhänge auf dem Flugplatz umher. Und so wie das Wetter war auch das Flughafenpersonal sehr ungnädig. Der einzige Lichtblick war Julio mit seiner orangefarbenen Jacke und dem stets lächelnden Gesicht.

◄ 110/111

03° 01,06' **N** 080° 37,40' **W**
BC = 95 ng/m³

Über der Panama-Bucht nahe dem Äquator steigen die Wasser- und Lufttemperatur, wodurch instabile Wetterlagen entstehen.

■ 112

14° 58,12' **S** 075° 01,41' **W**
BC = 0 ng/m³

15 Kilometer südlich von Nazca, Peru, zwängen sich Felder in die Täler der Andenflüsse.

Nach einem Instrumentenstart tauchte ich bald in die Wolken ein. Gelegentlich lichteten sie sich, dann konnte ich einige Fotos vom feuchten tropischen Regenwald machen. Irgendwo oberhalb des schlammig-braunen Wassers des Río Jubones, in der Provinz El Oro, begann die Wolkenschicht dünner zu werden bis ich im Süden eine dünne helle Linie sah, die immer breiter wurde, bis ich endlich in den klaren blauen Himmel fliegen und die tropischen Regengüsse in Ecuador hinter mir lassen konnte. In der Küstenregion Perus herrscht ein trockenes, fast wüstenartiges Klima, weil es der größte Teil des schlechten Wetters nicht über die Kordilleren schafft. Auch der kalte Humboldt-Strom fließt, von der Antarktis kommend, an der Küste entlang. Er verhindert die Verdunstung und verursacht oft hartnäckigen Nebel.

Ich flog an der Küste entlang, wo der Himmel mit niedrig hängenden Wolken durchsetzt war. In den Cordilleras Negra und Blanca im Westen wüteten heftige Stürme und verbargen die herrlichen Gletscher der höchsten Gipfel des Huascarán, des Yerupajá und des Alpamayo. Dahinter liegt der Regenwald des Amazonas-Beckens, dessen hohe Temperaturen und ergiebige Feuchtigkeit Ursache für schlechtes Wetter in den Bergen sind.

Irgendwo über Lima, der Hauptstadt von Peru, die mit einer Bevölkerung von fast sieben Millionen Menschen am Río Rímac liegt, wurde die vertikale Sicht, teils wegen der Luftverschmutzung, ziemlich schlecht. Der Fluss ist für die Hauptstadt von großer Bedeutung, weil er ihre Hauptquelle für Trinkwasser ist. Leider wird er wegen des Klimawandels und des langsamen Verschwindens der Andengletscher immer unzuverlässiger.

Gegen Süden wurde die Sicht immer besser. Das Wetter an der Küste blieb günstig, aber die Thermik verursachte zahlreiche Turbulenzen. Die gesamten Kordilleren waren mit Sturmwolken bedeckt, und nur die größten fließenden Gewässer schafften es bis zur Wüstenküste. Auf einem etwa 500 Meter hoch gelegenen Wüstenplateau, in der Nähe des Zusammenflusses der Flüsse Ingenio und Nazca, findet sich eine Reihe von historischen Geoglyphen, die sogenannten Nazca-Linien, die von den Nazca-Stämmen irgendwann in den ersten Jahrhunderten vor unserer Zeitrechnung gezogen wurden. Obwohl der Sinn und Zweck dieser Linien, die man am besten von oben sieht, noch immer nicht geklärt ist, weiß man, dass sie dadurch entstanden sind, dass etwa 15 Zentimeter tiefe Furchen in den eisenoxidhaltigen Boden gezogen wurden, wodurch die darunterliegende Schicht aus weißem Kalkstein zum Vorschein kam. Die Furchen, die als UNESCO-Welterbe geschützt sind, sind seit Jahrhunderten unberührt, weil hier kaum Wind weht und es in dieser Gegend fast nie regnet. In den letzten Jahrzehnten aber hat der Klimawandel eingesetzt, der diese geheimnisvollen Linien gefährdet.

Im Süden von Nazca, Richtung Arequipa, wurde die Landschaft, je mehr ich mich der Atacama-Wüste, der trockensten Region der Welt, näherte, zunehmend wüstenartig. Die rote felsige und sandige Küste wird gelegentlich von den weiten Flussmündungen unterbrochen, die sich durch enge Schluchten wie den Colca Canyon zwängen, einen der größten Canyons der Welt. Die Flüsse erodieren ungeheure Materialmengen und lagern sie im Meer ab. Die meisten Flüsse kommen vom hohen Altiplano-Plateau herunter, dessen zahlreiche Wasserflächen einschließlich des Titicaca-Sees ausschließlich zum Beregnen von Feldern genutzt werden. Daher zwängen sich die Menschen mit ihren Ansiedlungen in die ausgedehnten Flusscanyons, wo sie der Wüste ein wenig fruchtbaren Boden abtrotzen können.

■ 115
16° 44,34' **S** 072° 26,31' **W**
BC = 0 ng/m³

Der Chili, der unter den vulkanischen Gletschern entspringt, die oberhalb der Stadt Arequipa liegen, fließt nahe Quilca in den Pazifischen Ozean.

► 116/117
01° 51,49' **S** 079° 47,37' **W**
BC = keine Daten vorhanden

Der Vinces, ein Zufluss des Guayas, strömt in der Regenzeit in die ausgedehnten Ebenen nördlich von Guayaquil.

►► 118/119
03° 18,12' **S** 079° 44,19' **W**
BC = 80 ng/m³

Der angeschwollene und regentrübe Jubones in der ecuadorianischen Provinz El Oro.

■ 120/121
04° 52,56' **S** 080° 13,38' **W**
BC = 88 ng/m³

Reisfelder im tropischen nördlichsten Teil von Peru.

► 122/123
13° 04,59' **S** 076° 26,01' **W**
BC = 535 ng/m³

An der Mündung des berühmten Flusses Cañete in der gleichnamigen peruanischen Provinz liegt die Stadt San Vicente de Cañete.

►► 124/125
16° 37,19' **S** 072° 49,26' **W**
BC = 4 ng/m³

Der Camaná trägt große Mengen von Sediment aus dem weltberühmten Colca Canyon, der doppelt so tief ist wie der Grand Canyon in den Vereinigten Staaten, in den Pazifischen Ozean.

■ 126/127
10° 13,49' **S** 078° 02,33' **W**
BC = 262 ng/m³

Die einzige Vegetation entlang des Fußes der Cordillera Huayhuash wächst um die einhundert Jahre alten Bewässerungssysteme herum.

► 128/129
14° 44,38' **S** 075° 06,42' **W**
BC = 103 ng/m³

Die Panamericana führt quer über die erodierten Flächen unweit der geheimnisvollen Nazca-Linien.

►► 130/131
15° 44,13' **S** 074° 28,52' **W**
BC = 40 ng/m³

Das Naturschutzgebiet ACP Lomas de Atiquipa.

►►► 132/133
16° 53,19' **S** 072° 16,19' **W**
BC = 4 ng/m³

Das Punta-Hornillos-Nationalreservat ist für seine außergewöhnliche marine Biodiversität bekannt.
Sie reicht von Seelöwen bis zu Pinguinen und Delfinen.

Anden – Buenos Aires

5918 ▪ 23:20

Anden–Buenos Aires

Arica–Buenos Aires

Entfernung: 5918 Kilometer • Flugzeit: 23:20 Stunden

Boliviens bunte Kultur, das Altiplano, die Hauptstadt La Paz und der Titicaca-See (die alle auf einer Höhe jenseits der 4000-Meter-Grenze liegen), die tropischen Wälder des Amazonas-Oberlaufs und der Rio de la Plata – dies waren die Gründe, warum ich Bolivien überfliegen wollte.

Doch trotz der Anstrengungen des German Flight Service International, unserer Botschaft in Brasilien, Domens und einer Reihe von Freunden, gelang es mir nicht, eine Genehmigung zu erhalten, über diese so traumhafte Andenregion fliegen zu dürfen. Nach einer Wartezeit von zwei Tagen, die nicht eine Spur von Erfolg brachte, blieb mir nur eine einzige realistische Alternative: Ich musste Bolivien entlang der südlichen Grenze umgehen. Also flog ich über die Atacama-Wüste, stieg über den Anden ins nördliche Argentinien auf und flog weiter in Richtung Rio.

Arica ist als trockenste Stadt der Welt bekannt. Sie spielte als Haupthafen, in dem das Silber der reichen Minen von Potosi verschifft wurde, eine bedeutende Rolle in der Geschichte.

Das Wetter war der Jahreszeit entsprechend – gut entlang der Küste und regnerisch in den Bergen.

Während des ersten Teils des Fluges ging es über die trockene Atacama-Wüste nach Süden. Unter mir lag eine Landschaft, die jede nur erdenkliche Schattierung der Farbe Rot aufwies. Wären die Anden nicht gewesen, und noch dazu eine schlechte Wettervorhersage, ich hätte den ganzen Tag damit verbracht, diese unglaubliche Gegend zu fotografieren.

Etwa 200 Kilometer vor Antofagasta drehte ich nach Westen auf die Berge zu, in der Hoffnung, geeignete Lücken zwischen den dunklen Sturmwolken zu finden. Der Gipfel des 5500 Meter hohen Stratovulkans Licancabur, der an der Grenze zu Bolivien liegt, war teilweise von Wolken verhüllt. Fast wie ein Wunder öffneten sich vor mir blaue Himmelsfelder, denen ich südlich des 5704 Meter hohen Vulkans Juriques bis zu dem 5000 Meter hohen roten Plateau folgte, auf dem die türkisfarbenen Salzseen des Nationalreservats Los Flamencos schimmerten.

Bald überquerte ich nahe dem Paso-de-Jama-Pass die Grenze zwischen Chile und Argentinien und schlängelte mich nördlich des 6000 Meter hohen Nevado Queva auf die in 1100 Meter Höhe liegende Stadt Salta zu, die Hauptstadt der gleichnamigen Provinz, immer zwischen den Gewitterwolken hindurch. Nach einem von Regen begleiteten Sprung über die waldbedeckten Kämme südlich der Cerros de Pereyra erreichte ich schließlich die landwirtschaftlichen Flächen im Norden Argentiniens, wo das Wetter besser wurde.

Der Fluglotse in Salta informierte mich, dass der Flughafen der Stadt Resistencia, der Hauptstadt der Provinz Chaco, am Nachmittag wegen Startbahnreparaturen geschlossen sein würde. Also rief ich Domen in Slowenien via Satellitentelefon an und bat ihn, einen benachbarten internationalen Flughafen zu finden, der den passenden Treibstoff für mich hätte. Bald erhielt ich eine SMS mit dem ICAO-Code eines in der Nähe der Stadt Posadas liegenden Flughafens, gute 300 Kilometer flussaufwärts des Río Paraná, der in diesem Gebiet die natürliche Grenze zu Paraguay bildet. Der Paraná ist der zweitlängste Fluss Südamerikas. Er zieht sich durch Brasilien und Paraguay, verbindet sich vor Buenos Aires mit dem Rio Uruguay und endet schließlich als Mündung des Río de la Plata.

◄ 134/135
22° 54,53' **S** 067° 46,47' **W**
BC = keine Daten vorhanden

Über die westlichen Hänge des Vulkans Juriques hat man einen fantastischen Blick auf den mineralreichen See Laguna Blanca, der nahe der chilenisch-bolivianischen Grenze auf 4350 Metern Höhe liegt.

■ 136
24° 45,58' **S** 050° 20,20' **W**
BC = 3 ng/m^3

Der Río Tibagi im brasilianischen Bundesstaat Paraná fließt in den Río Paranapanema. Dann machen sich beide gemeinsam auf die lange Reise in den Río Paraná, der nahe Buenos Aires in den Río de la Plata mündet.

Wie hypnotisiert saugte ich die wunderbare Abendansicht der ausgedehnten Feuchtgebiete am Zusammenfluss von Río Paraguay und Río Paraná und des Reservoirs des Yacyretá-Damms in mich hinein, während wir zum Libertador General José de San Martín Airport in der Nähe von Posadas fuhren.

Das lange bürokratische Prozedere, das mich von einem angenehm verbrachten Abend trennte, war nichts gegen den bürokratischen Tsunami, der mich am folgenden Tag am Flughafen in Campinas, nördlich von São Paulo, erwartete. Niemand dort hatte die leiseste Vorstellung davon, was man mit mir anfangen sollte. Man sperrte mich den ganzen Tag in den Frachtverkehrsbüros ein, und gegen Abend war mir völlig klar, dass ich an diesem Tag bestimmt nicht mehr ins nahe gelegene Rio weiterfliegen konnte, wo mich Augusto Barozzo und seine Klubkameraden erwarteten.

Als am folgenden Morgen schließlich alles geklärt war, konnte ich über den tief liegenden Wolken nach Rio weiterfliegen. Augusto und ich hatten vereinbart, uns in der Luft, irgendwo über dem Meer vor Rio, zu treffen, wo er mich mit zwei Sinus- und Virus-Flugzeugen erwarten würde. Dann wollten wir zum Flugplatz des CEU-Clubs im Südwesten Rios weiterfliegen. Das Wetter wurde immer schlechter, deshalb ging ich in der Nähe der Ilha Grande unter die Wolken und bewegte mich tief über der Wasseroberfläche auf die Küste zu. Weil die Sicht extrem schlecht war, brauchte ich eine Ewigkeit, bis ich das winzige Flugzeug irgendwo vor der Ilha da Marambaia entdeckte. Dann flogen wir im leichten Regen auf das Flugfeld zu und landeten auf weichem Gras, dessen Gepflegtheit mich an den Rasen eines Golfplatzes erinnerte.

Obwohl Rio eine sehens- und erlebenswerte Stadt ist, zwangen mich bürokratische Komplikationen und das Wetter, sofort zurück nach Süden, nach Buenos Aires, zu fliegen. Inzwischen neigte sich der Sommer in der Antarktis langsam dem Ende zu, und ich musste mich beeilen, wenn ich den eisigen Kontinent ansteuern wollte. Die beharrlich tiefen Wolken über São Paulo verschwanden im Westen und enthüllten einen Blick auf das hügelige, zum Großteil bewirtschaftete Land der Provinz Paraná.

Der mäandernde Río Iguazú, der reichlich zur Erzeugung von hydroelektrischem Strom genutzt wird, entspringt im Gebirgszug Serra do Mar, der parallel zur Atlantikküste verläuft. Bevor er an der Dreiländergrenze zwischen Brasilien, Paraguay und Argentinien in den Río Paraná mündet, fällt er über eine 80 Meter hohe Klippe und verteilt sich als Iguazú-Wasserfall, eines der »Neuen Sieben Weltwunder«, auf mehr als 200 Wasserfälle. Vor der Landung auf dem nahe gelegenen Flughafen erhielt ich die Erlaubnis, diesen unglaublich schönen Nationalpark zu überfliegen.

Auch der Río Uruguay entspringt in der brasilianischen Bergkette von Serra do Mar. Er schlängelt sich entlang der Grenze zwischen Brasilien und Argentinien, wo der Fluss über eine zwölf Meter hohe und drei Kilometer breite Klippe stürzt. Weiter stromabwärts bildet er die natürliche Grenze zwischen Argentinien und Uruguay.

Manche Geografen betrachten den Río de la Plata als Golf, während andere ihn als Fluss ansehen. Er erstreckt sich über das Gebiet zwischen Montevideo, der Hauptstadt von Uruguay, und Buenos Aires, der Hauptstadt von Argentinien. Wegen der Einflüsse der Gezeiten in einem Bereich von mindestens 200 Kilometern stromaufwärts, wo das dichtere Salzwasser auf das strömende Süßwasser des Flusses trifft, ist hier ein ganz besonderes Ökosystem entstanden. Ich landete auf dem San Fernando Airport vor dem Hintergrund schwerer Sturmwolken und wurde dort von zahlreichen Zeitungsreportern und slowenischen Landsleuten begrüßt. Sie zeigten erstaunlich großes Interesse an dem Projekt und insbesondere an den Rußmessungen.

Als ich am folgenden Morgen die Hauptstadt verließ und auf die Kordilleren zuflog, zwangen mich die tiefen Wolken, unangenehm niedrig zu fliegen. Doch nachdem ich die kontrollierte Zone verlassen hatte, durchstieß ich die dicke Wolkendecke und bewegte mich endlich auf 2500 Metern im blauen Himmel, wo ich ein wenig entspannen konnte.

■ 139
25° 46,25' **S** 052° 14,35' **W**
BC = 166 ng/m³

Ein Zufluss des Pepiri-Guazú, der die sich windende Grenze zwischen Argentinien und Brasilien bildet.

► 140/141
18° 27,47' **S** 070° 19,51' **W**
BC = keine Daten vorhanden

Fischerboote in der Bucht der chilenischen Stadt Arica – der Stadt mit dem weltweit geringsten Niederschlag.

►► 142/143
23° 01,58' **S** 067° 37,20' **W**
BC = keine Daten vorhanden

Die Atacama-Wüste ist das trockenste Gebiet der Erde und mit Salzseen durchsetzt.

►►► 144/145
23° 23,04' **S** 067° 09,16' **W**
BC = keine Daten vorhanden

Über dem Bergpass Paso de Jama an der Grenze zwischen Chile und Argentinien.

■ 146/147
23° 36,31' **S** 048° 11,17' **W**
BC = 2 ng/m³

Ackerland entlang des Flusses Itapetininga westlich von São Paulo, Brasilien.

►► 148/149
25° 46,25' **S** 052° 14,35' **W**
BC = 160 ng/m³

Hinter dem Damm des hydroelektrischen Kraftwerks Salto Santiago staut sich der Fluss Iguazú zu einem Fjordsee.

■ 150/151
27° 24,42 **S** 058° 43,13' **W**
BC = keine Daten vorhanden

Der Río Tranquilo fließt nördlich der Stadt Resistencia, Argentinien, in den Paraná.

► 152/153
22° 58,39' **S** 046° 41,44' **W**
BC = keine Daten vorhanden

Weinberge zwischen São Paulo und Rio de Janeiro.

►► 154/155
22° 58,41' **S** 043° 13,13' **W**
BC = 1166 ng/m^3

Ein Blick auf den Sandstrand der Copacabana in Rio de Janeiro.

■ 156/157
25° 41,41' **S** 054° 26,24' **W**
BC = 324 ng/m³

Am Iguazú an der Grenze zwischen Argentinien und Brasilien liegen die weltberühmten Iguazú-Fälle, die bis zu 80 Meter hoch sind. Der höchste dieser Fälle ist der Garganta del Diablo, der »Teufelsschlund«.

► 158/159
23° 17,46' **S** 045° 45,08' **W**
BC = keine Daten vorhanden

Intensive Abholzungen nordöstlich von São Paulo.

►► 160/161
33° 54,31' **S** 058° 34,31' **W**
BC = 463 ng/m³

Der Ausfluss des Paraná in den Río de la Plata nördlich der argentinischen Hauptstadt Buenos Aires.

PATAGONIEN

3734 ▪ 17:30

Patagonien

Buenos Aires–Calafate

Entfernung: 3734 Kilometer • Flugzeit: 17:30 Stunden

Die Anden sind mit einer Gesamtlänge von etwa 7000 Kilometern die längste Bergkette der Welt. Im südlichen Teil davon, der sich über Argentinien und Chile erstreckt, liegt der Aconcagua, der mit fast 7000 Metern höchste Gipfel ganz Amerikas. Zudem befinden sich in den südlichen Anden die meisten Gletscher, die am südlichen Ende Patagoniens und Feuerlands wahrhaft polare Dimensionen haben und bis zum Meer reichen.

Das wolkige und neblige Wetter zu Beginn des Fluges von Buenos Aires wurde über den Provinzen Córdoba und San Luis besser. Bei hervorragender Sicht konnte ich die schneebedeckten Gipfel der Anden aus großer Entfernung sehen. Der Wetterdienst hatte Westwinde mit 45 Knoten auf der Höhe des Aconcagua vorausgesagt. Es bestand die Möglichkeit, dass sich auf der östlichen, windabgewandten Seite extreme Fallwinde entwickelten. Diese destruktiven örtlichen Zonda-Winde sind eine Art Föhn, der durch warme Luftmassen entsteht, die wiederum das Resultat adiabatischer Erwärmung sind.

100 Kilometer vor Mendoza verließ ich die turbulente Luft über den heißen Pampas und stieg über die Cumuluswolken auf. Die Fluglotsen machten mir keinerlei Ärger, sondern gaben mir sofort die Erlaubnis, die Stadt am Fuß der Anden in südlicher Richtung zu überfliegen und direkt auf den Aconcagua zuzuhalten.

Nachdem ich den großen künstlichen See Potrerillos überquert hatte, der vom eisigen Mendoza-Fluss gespeist wird, stieß ich auf eine Reihe immer höher werdender und völlig vegetationsfreier Kämme, die in herrlichen mineralischen Farben leuchteten. Nahe der Berge, im Lee der höchsten Gipfel, wurde die Luft turbulent. Also umflog ich sie im Norden und hielt erst dann auf sie zu, als ich auf einer Höhe von knapp 7000 Metern war und die Gipfel bereits unter mir lagen.

Was für ein prächtiger Anblick: die Kette der schneeigen Gipfel und die schrumpfenden Gletscher – einfach spektakulär. Leider haben der Anstieg der Durchschnittstemperatur und andere Klimaveränderungen eine zerstörerische Wirkung auf die Umwelt, weshalb es möglich ist, dass die Gletscher bald völlig verschwinden. Dann wird das Trinkwasser knapp und die Menschen werden in Massen fliehen. In Mendoza befindet sich die Trinkwasserversorgung in privater Hand, deshalb ist die Zukunft vieler Bürger hinsichtlich der Verteilung der kostbaren Resource unsicher.

Das Flugzeug verhielt sich auf dieser großen Höhe hervorragend. Der Motor hatte genug Kraftreserven, um noch weiter zu steigen, und das zusätzliche Sauerstoffsystem funktionierte bestens. Die Sauerstoffsättigung meines Blutes, die ich in regelmäßigen Abständen an meinem linken Mittelfinger maß, fiel nie unter 85 Prozent.

Auf dem Gipfel des Aconcagua stand kein Mensch – vermutlich deshalb, weil das Wetter zuvor lange Zeit schlecht gewesen war. Nachdem ich einige Fotos gemacht hatte, ritt ich die westlichen Winde zurück Richtung Mendoza, Argentinien, wo ich auf der sehr schlecht gewarteten Landebahn des kleinen Flugplatzes La Puntilla landete. Die freundlichen Jungs vom Mendoza Aero Club sowie einige slowenische Emigranten hatten alle notwendigen Vorkehrungen für Treibstoff, Unterkunft und Essen getroffen, weshalb ich schon früh am nächsten Morgen nach Süden, in Richtung Patagonien, aufbrechen konnte.

◄ 162/163
49° 58,48' **S** 072° 04,36' **W**
BC = keine Daten vorhanden

Der Fluss La Leona verbindet die Seen Viedma und Argentino am Rand des Los-Glaciares-Nationalparks in Patagonien.

■ 164
50° 05,08' **S** 071° 56,44' **W**
BC = keine Daten vorhanden

Dort, wo der La Leona in den Lago Argentino fließt, liegt die Stadt El Calafate mit ihrem gleichnamigen Flughafen.

In der ersten Stunde flog ich sehr angenehm durch sanftes Morgenlicht, doch dann begann der wilde Tanz erneut. Die Turbulenzen entstehen dort durch starke Südwestwinde von 50 Knoten im Lee der Kordilleren und die Aufwinde aus der Wüste.

Die Gegenwindkomponente war stärker als ich erwartet hatte, weshalb ich meinen Zielort am Lago Argentino, weit im Süden, nicht erreichen konnte. Also machte ich einen Zwischenstopp, um in der namengebenden Hauptstadt der Provinz Neuquén aufzutanken, die am Zusammenfluss der Andenflüsse Neuquén und Limay liegt, und setzte meinen anstrengenden Flug in Richtung Süden fort. Die Provinz Neuquén ist weithin wasserarm mit wenigen künstlich bewässerten landwirtschaftlichen Flächen. Das Wüstengebiet ist von einem systematischen Netz unbefestigter Straßen überzogen, die Öl- und Gasquellen verbinden.

Richtung Süden, östlich der Touristenstadt Bariloche, die am Nahuel-Huapi-See und dem gleichnamigen Nationalpark liegt, flog ich in eine Luftzone mit Vulkanstaub hinein. Am 4. Juni 2011 war der Vulkan Puyehue, der zum Puyehue-Nationalpark und einer Kette von 2000 Vulkanen in Chile gehört, nach Jahrzehnten der Ruhe wieder ausgebrochen und hatte vulkanische Asche mehr als zehn Kilometer hoch in die Luft gespien. Die vorherrschenden westlichen Winde wehten die Aschewolke in die argentinischen Provinzen Neuquén, Chubut und Río Negro, was eine ökologische und ökonomische Katastrophe verursachte. Noch sechs Monate nach dem Ausbruch war die Luft voller Asche, wodurch die Sichtweite auf Null schrumpfte und es im Cockpit sehr schwer wurde, zu atmen. Auf einer Höhe von 4000 Metern besserten sich die Bedingungen etwas, aber die Luft wurde erst weit im Süden der Provinz Chubut, im Herzen Patagoniens, wieder klar.

Mit Patagonien war ich ziemlich vertraut, weil ich vor mehr als 25 Jahren den legendären Fitz Roy und den Cerro Torre im Los-Glaciares-Nationalpark mit einigen Freunden bestiegen hatte. Ich erinnerte mich noch immer an die langen Wartezeiten auf besseres Wetter, an die Winde in Hurrikanstärke auf dem Abstieg vom Fitz Roy, den Mangel an Essen und die völlige Isolation vom Rest der Welt. Vor kaum einem Vierteljahrhundert war dies noch ein unberührtes Gebiet. Inzwischen aber ist die herrliche Landschaft vom Massentourismus überrollt worden.

Nachdem ich den Lago Viedma überflogen hatte, erblickte ich in der Ferne den Lago Argentino. Die patagonischen Berge hüllten sich in eine dicke Lage von Wolken, und auf dem Comandante Armando Tola International Airport, in der Nähe von El Calafate, wehte der Wind mit 38 Knoten, was für ein Ultraleichtflugzeug wie meines ziemlich stark ist und die Landung riskant machte.

Doch Pedro Skvarča, der legendäre slowenisch-argentinische Bergsteiger und Erforscher der patagonischen und antarktischen Gletscher, hatte die Mitglieder des lokalen Aeroclubs über mein Kommen informiert. Nun halfen sie, die Tragflächen meines Flugzeugs nach der Landung festzuhalten, damit es mich nicht von der Landebahn wehte.

Was folgte, waren einige unglaublich angenehme Tage, die ich mit meinen neuen Freunden aus El Calafate beim Warten auf besseres Wetter und auf die Erlaubnis, in die Antarktis fliegen zu dürfen, verbrachte. Pedro zeigte mir den phänomenalen Perito-Moreno-Gletscher und das neue Gletschermuseum. Zwischendurch gab es sogar eine kurze Periode der Wetterbesserung, in der wir gemeinsam über »unsere« patagonischen Berge fliegen konnten.

Dank der slowenischen Botschaft in Buenos Aires sowie zahlreicher Freunde und Unterstützer lösten sich die bürokratischen Verwicklungen langsam auf. So erhielt ich wenige Tage später die erfreuliche Nachricht, dass ich grünes Licht erhalten hatte, nach Süden und weiter in die Antarktis zu fliegen.

■ 167
38° 41,11' **S** 068° 14,32' **W**
BC = 30 ng/m^3

Am Zusammenfluss von Neuquén und Limay, inmitten des bewässerten Farmlandes, liegt die Stadt Neuquén, die Hauptstadt der gleichnamigen Provinz.

► 168/169
32° 36,35' **S** 069° 24,00' **W**
BC = 154 ng/m^3

Der Wanderpfad zum Aconcagua, dem höchsten Berg Amerikas, führt durch das farbenfrohe Tal des Mendoza-Flusses.

►► 170/171
32° 30,15' **S** 069° 51,18' **W**
BC = 22 ng/m^3

Wegen des raschen Klimawandels verschwinden die Gletscher des 7000 Meter hohen Aconcagua schnell.

■ 172/173
32° 57,25' **S** 069° 06,46' **W**
BC = 152 ng/m³

Der eisige Mendoza fließt aus dem Herzen der Anden in den Potrerillos-Stausee.

► 174/175
48° 16,55' **S** 071° 28,28' **W**
BC = 4 ng/m³

Auf dem vulkanischen Plateau westlich des Lago O'Higgins liegt inmitten einer Unmenge kleiner Becken der Lago Strobel, der für die dortige Trophäenangelei bekannt ist.

►► 176/177
50° 08,40' **S** 072° 57,52' **W**
BC = keine Daten vorhanden

Die patagonische Bergkette zwischen dem Lago Argentino und dem Lago Viedma.

■ 178/179
49° 18,59' **S** 073° 04,52' **W**
BC = keine Daten vorhanden

Mit seinem stürmischen Wetter und den schwierigen Kletterrouten galt der Fitz Roy, ein 3359 Meter hoher Berg in den patagonischen Anden, lange als eine der größten Herausforderungen für Bergsteiger.

► 180/181
49° 17,53' **S** 073° 05,31' **W**
BC = keine Daten vorhanden

Die granitenen Westwände des Fitz Roy und des Aguja Poincenot.

►► 182/183
51° 44,30' **S** 069° 18,50' **W**
BC = 56 ng/m³

Die windige Stadt Río Gallegos ist die Hauptstadt der argentinischen Provinz Santa Cruz und liegt an der Mündung des gleichnamigen Flusses in den Südatlantik.

►►► 184/185
52° 59,39' **S** 068° 35,52' **W**
BC = 74 ng/m³

Die Sandstrände der Bucht von San Sebastián in Feuerland.

ANTARKTIS

3429 ▪ 13:36

Antarktis

Calafate–Marsh–Punta Arenas

Entfernung: 3429 Kilometer · Flugzeit: 13:36 Stunden

Über den Südpol zu fliegen, war schon lange ein Traum von mir. Weil die Antarktis als Niemandsland gilt, kann jeder dort reisen – ohne Pass. Probleme entstehen erst dann, wenn man Hilfe oder Treibstoff braucht, weil man den Regeln des Antarktis-Vertrags zu folgen hat, der das Verhalten auf dem eisigen Kontinent in groben Zügen definiert. Jahrelang hatte ich versucht, einen Weg zu finden, wie ich mir Treibstoff zu den Eispisten der Patriot Hills oder des Union-Gletschers liefern lassen könnte, wo es möglich war, mit meinem Flugzeug zu landen. Die Suche führte immer zu einer Quelle zurück: zur ALE (Antarctic Logistics and Expeditions), die die astronomische Summe von 350 000 US-Dollar plus zusätzliche Gebühren für Treibstoff und Unterstützung verlangte. Da eine solche Summe rational kaum zu rechtfertigen ist, schaute ich mich nach anderen Möglichkeiten bei der chilenischen Armee oder einem Wissenschaftsprojekt um, landete aber immer wieder direkt bei derselben Organisation, die ihre Monopolstellung voll ausnutzt. Eine so große Summe aber hätte schlichtweg gegen den grundlegenden Charakter meines Abenteuers verstoßen und bedeutet, an einen Punkt zu gelangen, wo für Geld alles gekauft werden kann.

Mein Plan entwickelte sich daher aus einem großen Kompromiss heraus. Er bestand darin, zu einer argentinischen oder chilenischen Militärbasis in der Antarktis zu fliegen, wohin ich per Schiff Treibstoff anliefern lassen würde. Von dort aus würde ich etwa 1500 Kilometer in die Antarktis hineinfliegen und dann wieder nach Südamerika zurück. Bei der Treibstofflieferung half mir Pedro Skvarča, indem er seinen chilenischen Freund Alejo Contreras dazu überredete, zwei Fässer Treibstoff auf ein Schiff in Punta Arenas verladen und auf der chilenischen Teniente-R.-Marsh-Martin-Basis in der Antarktis wieder ausladen zu lassen.

Nachdem ich in Buenos Aires grünes Licht und die Landeerlaubnis für die Marambio-Basis erhalten hatte, nutzte ich das erste Schönwetterfenster und flog bei sehr windigen Bedingungen Richtung Rio Gallegos, Rio Grande und dann weiter nach Ushuaia, der Hauptstadt der Provinz Feuerland. Diese südlichste Stadt der Welt liegt am Beagle-Kanal im Schatten des Gebirges Cordillera Darwin.

Die Einheimischen prahlen damit, die meisten Sonnentage pro Jahr zu haben, um dann sofort hinzuzufügen, dass es jeden zweiten Tag entweder regnet oder schneit. Das Wetter ist weiß Gott sehr wechselhaft in diesem Teil der Erde, an der Schwelle zur Antarktis. Und die niedrigen Temperaturen, die durch drei Wettersysteme entstehen, welche sich mit großer Geschwindigkeit nach Süden bewegen, lassen sehr wenig Raum für den sicheren Flug einer so kleinen Maschine.

Umso glücklicher war ich, als ich Roxanna Diaz sah, die mich am Flugplatz erwartete. Sie und ihr Partner Jonathan Selby geben Schiffen, die nach Süden fahren, logistische Unterstützung. Zudem ist Jonathan ein Wetterexperte und erklärte mir geradeheraus, dass sowohl das Wetter als auch ein Flug in die Antarktis ziemlich unsicher seien und ich mich möglicherweise auf eine lange Wartezeit einrichten müsse.

◄ 186/187
62° 52,52' **S** 061° 59,53' **W**
BC = 4 ng/m^3

Smith Island in der Antarktis wird kaum je besucht. Es gibt dort auch keine Forschungsstation. Der höchste Gipfel ist mit 2105 Metern der Mount Foster.

■ 188
62° 45,11' **S** 061° 27,30' **W**
BC = 2 ng/m^3

Snow Island ist völlig von Gletschern bedeckt.

Am zweiten Tag meines Wartens erhielt ich, es war fast ein Wunder, eine Nachricht von Jonathan, dass es eventuell möglich sei, bereits am folgenden Tag nach Süden zu fliegen. Die Wetterlücke sei aber sehr eng und ich müsse unbedingt am nächsten Tag zurück sein, weil dann das Wetter für längere Zeit wieder schlecht werde.

Früh am Morgen war ich auf dem Flughafen. Roxanna half mir beim Papierkrieg, derweil ich meinen Sichtflugplan nach Marambio und zurück nach Ushuaia vorlegte, weil es mir noch nicht gelungen war, eine Flugerlaubnis von Chile zu erhalten. Es schneite leicht, doch während der umfangreichen Vorbereitung unseres Flugzeugs, der Rettungsausrüstung und der Kleidung kam bald die Sonne heraus. Danach folgte wegen Komplikationen, die ein Umschwenken auf Instrumentenflugregeln mit sich brachten, eine Verzögerung von einer Stunde. Dann ging es endlich los. Ich flog dicht unter den dunklen Wolken über den Beagle-Kanal. Als sich das Wetter vor mir verschlechterte und ich merkte, dass ich in ein Vereisungsgebiet hineinflog, bekam ich die Genehmigung, direkt nach Marambio in die Antarktis zu fliegen. Vor mir lagen 1000 Kilometer eisiger und rauer See, aber im ersten Drittel der Strecke wurde das Wetter besser, genau wie Jonathan es vorhergesagt hatte. Auf einer Höhe von 3000 Metern flog ich in die Sonne hinaus. Ich übermittelte meine Position und meldete dem Tower in Ushuaia jede Stunde »operation normal«. Die Seitenwinde wehten mit etwa 25 Knoten und machten keinen großen Ärger. Erst nach vier Stunden tauchten Wolken auf – vermutlich über den ersten Inseln der Antarktis. Die Wettervorhersage für die chilenische Basis auf King George Island war gut, die Vorhersage für die argentinische Marambio-Basis mit Nebel hingegen sehr schlecht. Von Südwesten näherte sich rasch eine Wolkenwand. Ich wusste: Das kann knapp werden. Bestenfalls würde das Wetter bis zum nächsten Morgen halten und wenn ich dann nicht losfliegen konnte, würde ich mindestens 14 Tage in der Antarktis festsitzen. Also nutzte ich die guten Wetterbedingungen und flog noch am selben Tag nach Deception und Elephant Island. Dort fotografierte ich die Gletscher, konnte aber wegen der Wolken nicht tiefer ins Inland vordringen.

Vor dem Landen überflog ich die Schotterpiste der Marsh-Basis im Tiefflug, weil sie für gewöhnlich in schlechtem Zustand ist. Die Schottersteine sind relativ groß für die kleinen Räder eines Ultraleichtflugzeugs und können die Radkappen, den Propeller und sogar den Rumpf beschädigen.

Anfangs bereitete man mir einen sehr kühlen militärischen Empfang, weil ich unangekündigt und ohne Genehmigung gelandet war. Aber nachdem ich mit dem Generaldirektor der chilenischen Zivilflugbehörde gesprochen und ihm erklärt hatte, dass mich das schlechte Wetter in Marambio gezwungen hatte, auf einer anderen Landepiste herunterzukommen, erhielt ich die Genehmigung im Nachhinein und wurde ausgesprochen gastfreundlich behandelt. Man zeigte mir sogar die Basis und lud mich zum Abendessen ein.

Am Morgen herrschte kein Nebel, aber laut Wettervorhersage sollte es sich innerhalb einer Stunde verschlechtern. Der mit dem Schiff gelieferte Treibstoff war nicht der richtige, doch ich hatte keine Wahl. Also mischte ich das Avgas 100/130 mit dem argentinischen Treibstoff aus Ushuaia. Einige Leute halfen mit, die großen Steine von der Piste zu räumen, gemeinsam schoben wir das Flugzeug auf den besten Teil der Startbahn und bald lag die eisige Drake-Passage wieder unter mir. Rasch näherte sich eine Wolkenwand, die mir jede Möglichkeit der Rückkehr zur Marsh-Basis abschnitt. Vor Kap Hoorn wurde das Wetter erneut schlechter. Die Vereisung zwang mich dazu, auf 300 Meter über dem Meer herunterzugehen, wo die Temperatur noch bei 3 °C lag. Über die Hügel konnte ich nicht fliegen, also machte ich einen langen Umweg, fand den Eingang zur Magellan-Straße und flog an ihr entlang bis nach Punta Arenas.

■ 191
62° 55,18' **S** 062° 18,41' **W**
BC = 4 ng/m³

Gletscher an der Südküste von Smith Island.

► 192/193
54° 54,15' **S** 067° 37,25' **W**
BC = 13 ng/m³

Der Beagle-Kanal ist eine 240 Kilometer lange Wasserstraße in Feuerland und gehört zu Argentinien und Chile.

►► 194/195
62° 21,55' **S** 059° 25,10' **W**
BC = 9 ng/m³

Die Gletscher an der Nordküste von Robert Island gleiten in das Antarktische Meer hinein.

►►► 196/197
62° 57,57' **S** 060" 41,44' **W**
BC = 7 ng/m³

Im Inneren der Caldera des Vulkans auf Deception Island. Dort liegt die spanische Forschungsstation Gabriel de Castilla.

■ 198/199
62° 26,16' **S** 059° 53,01' **W**
BC = 7 ng/m^3

Der Teteven-Gletscher auf Greenwich Island.

► 200/201
62° 33,33' **S** 059° 12,03' **W**
BC = 5 ng/m^3

Die Palmer-Halbinsel in der Antarktis.

►► 202/203
62° 51,38' **S** 060° 49,35' **W**
BC = 8 ng/m^3

Deception Island besteht aus der Caldera eines aktiven Vulkans und beherbergt den sichersten Hafen der Antarktis.

■ 204/205
62° 49,27' **S** 062° 30,22' **W**
BC = 3 ng/m³

Die eisigen Nordwände von Mount Foster, des höchsten Gipfels auf Smith Island.

► 206/207
62° 12,44' **S** 058° 57,30' **W**
BC = 11 ng/m³

Ardley Island, das auf der Westseite von King George Island liegt, ist wegen seiner Vogelkolonien ein Schutzgebiet der Antarktis (ASPA).

►► 208/209
62° 42,03' **S** 060° 27,54' **W**
BC = 7 ng/m³

Livingston Island gehört zu den South Shetland Islands. Eine Ansicht von False Bay.

GLETSCHER DER ANDEN

1911 ▪ 09:26

Gletscher der Anden

Punta Arenas– Concepción

Entfernung: 1911 Kilometer • Flugzeit: 09:26 Stunden

Punta Arenas, eine der größten Städte Patagoniens, liegt auf der chilenischen Seite der Magellan-Straße, die die Inselgruppe Feuerland vom südamerikanischen Festland trennt. Die Stadt hat für Chile große geostrategische Bedeutung und dient zudem als Ausgangspunkt für Expeditionen von Wissenschaftlern, Abenteurern und Touristen in die Antarktis. Das Wetter kann hier recht rau sein, weil Punta Arenas in einem Gebiet liegt, in dem die schlimmsten Westwinde wehen. Diese bringen vom Pazifik her große Mengen feuchter Luft in die Berge Patagoniens, welche sich als Regen, Schnee und Eis in den Gletschern und auf den Gipfeln niederschlagen. Ruhige sonnige Tage sind sehr selten, weshalb bei schönem Wetter der Anblick der herrlichen Landschaft umso kostbarer ist.

Der Flug von der Antarktis war anstrengend, weil ich schlechtes Wetter mit Vereisungsgefahr durchqueren musste. Deshalb flog ich über Feuerland und dem Wasser der Magellan-Straße tief. In der Nacht wurde das Wetter besser, und der folgende Morgen zeigte sich schön mit ein wenig tief liegendem Nebel, der von der Sonne aufgeleckt wurde. In Chile gab es kein Avgas-100LL- Flugbenzin, und auf dem internationalen Flughafen war es auch nicht möglich, an 95-Oktan-Autobenzin heranzukommen. Daher musste ich wieder einmal einen unangenehmen Kompromiss eingehen und mich mit Avgas 100/130 begnügen. Dieser Treibstoff kann wegen seines hohen Bleigehalts und der großen Oktanzahl ziemlichen Ärger machen.

Ich startete zu meinem fast 2000 Kilometer langen Flug nach Concepción, einer Stadt, die etwas mehr als 400 Kilometer südlich der Hauptstadt Santiago liegt. Bald verschwand die Gegend rund um Punta Arenas unter den tiefen Wolken, und ich flog nach Norden über einen der schönsten Bergkämme der Welt.

Hier und da lichtete sich der Nebel, sodass ich einige Fotos der Stadt Puerto Natales machen konnte, die am Última-Esperanza-Sund liegt. Dieser ist der innere Teil eines komplexen Systems von Fjorden, Seestraßen und Buchten, in die das Queen-Adelaide-Archipel eingebettet ist. Die Stadt ist auch der Ausgangspunkt für Fahrten in den Torres-del-Paine-Nationalpark. Mittlerweile hatte sich der Nebel völlig zurückgezogen und gab den Blick frei auf die traumhafte Landschaft dort unten – ein kostbares Gewebe aus patagonischen Wäldern, tiefen Fjorden, Flüssen und Seen in unterschiedlichen Blautönen, in die die Gletscher kalben. Mit meiner Kamera erhaschte ich die spektakulären Granitgipfel, während ich über den smaragdfarbenen Seen und entlang der steilen Felswände kreiste. Dabei wurde mir immer klarer, welch absolutes Privileg diese erstaunliche Erfahrung darstellte.

Plötzlich begann der Motor zu vibrieren und zu stottern. Die Schubkraft des Propellers ließ nach. Ich drehte zum nächstgelegenen Flughafen nahe der Stadt El Calafate ab. Ich befand mich wieder im argentinischen Luftraum. Die Landung war nicht angekündigt, deshalb erwartete ich größere Komplikationen und, weil der Flughafen über kein für diese Art von Motor qualifiziertes Wartungspersonal verfügte, Probleme bei den Reparaturen. Zum Glück legten sich die Vibrationen etwas

◄ 210/211
50° 27,40' **S** 072° 56,37' **W**
BC = keine Daten vorhanden

Der Perito-Moreno-Gletscher im Los-Glaciares-Nationalpark fließt langsam in den südlichen Arm des Lago Argentino, den er alle paar Jahre wie ein Damm absperrt.

■ 212
47° 18,35' **S** 072° 49,44' **W**
BC = keine Daten vorhanden

Der eisige Río Colonia fließt in den Río Baker, den Fluss mit dem größten Wasseraufkommen im chilenischen Patagonien. An ihm soll ein Wasserkraftwerk entstehen.

und so entschloss ich mich sehr erleichtert, den Flug fortzusetzen. Ich überflog den weltberühmten Perito-Moreno-Gletscher, der langsam in den südlichen Arm des Lago Argentino abfällt und dort einen Damm bildet, welcher wegen des sich aufstauenden hohen Wasserdrucks alle paar Jahre spektakulär zusammenbricht.

Pedro Skvarča verfügt als Wissenschaftler über Messungsstationen auf dem Gletscher und ist somit eine objektive Quelle, wenn es um den Einfluss des Klimawandels auf die Gletscher Patagoniens geht. Seine Botschaft ist eindeutig: Trotz der Tatsache, dass gewisse Gletscher momentan dicker werden, verlieren die meisten schnell an Masse und ziehen sich immer weiter ins Inland zurück.

Das Flugzeug glitt über die Gletscherseen auf der südlichen Seite des Upsala-Gletschers hinüber zum schönsten Berg der Welt – dem Cerro Torre, den Rado, Bogdan und ich vor einem Vierteljahrhundert bestiegen hatten, wobei wir sogar auf seinem eisigen Pilzkopf biwakierten. Zudem waren wir wenige Tage zuvor über eine neue Route auf der Südwestflanke des Fitz Roy geklettert, die wir nach unserem Freund Boris Simoni benannten, der drei Jahre vorher bei einem Unfall in den französischen Alpen ums Leben gekommen war.

Beim Kreisen um die granitenen Riesen und vertrauten Klippen stiegen lebhafte Erinnerungen in mir auf und die Musik in meinen Kopfhörern versetzte mich in eine Parallelwelt ohne Zeit. Erst als der Motor erneut Probleme machte, erinnerte ich mich daran, dass noch lange Stunden desolater Einsamkeit in den Anden vor mir lagen.

Bald flog ich über die Buchten des Lago San Martín, der auf der chilenischen Seite Lago O'Higgins heißt und mit 800 Metern der tiefste See Südamerikas ist. Er speist sich aus den Wassern der Gletscher und zahlreicher Zuflüsse. Der über Wasserfälle fließende Río Pascua verbindet ihn mit dem Pazifischen Ozean. Inzwischen waren die Wolken dicker geworden und verhüllten die herrliche patagonische Wildnis. Aus dem monotonen Wolkenteppich, der im Norden bis auf 4500 Meter reichte, ragte der 4058 Meter hohe Monte San Valentin, der höchste Berg Patagoniens, hervor. Hätte der Motor jetzt versagt, wäre dies wirklich ein unpassender Zeitpunkt gewesen, denn die Wolken verbargen die granitenen Gipfel, Gletscher, engen Schluchten und unpassierbaren Feuchtgebiete. Es wäre völlig unmöglich gewesen, einen Notlandeplatz zu finden.

Die Nationalparks Laguna San Rafael, Isla Magdalena, Queulat und Corcovado blieben verborgen.

Der Flug blieb anstrengend, bis ich in der Nähe von Puerto Montt war. Dort begannen die Wolken sich endlich zu lichten und gaben den Blick frei auf die meist flache oder hügelige Küste. Ich flog die ganze Strecke nach Concepción hinunter an der Küste entlang, in deren Nähe das Epizentrum des zerstörerischen Erdbebens vor zwei Jahren gelegen hatte, das mehr als 500 Menschen das Leben kostete.

Als ich landete, erwartete mich am Telefon bereits eine Nachricht des LAN-Piloten Andres Gonzales. Er versprach, am kommenden Tag von Santiago herunterzufliegen und mir bei der Papierarbeit und der Vorbereitung des Mammutfluges über den Südpazifik zur winzigen Osterinsel zu helfen – einer Flugstrecke über 3600 Kilometer blauen Ozean mit ungünstigen Winden.

■ 215
49° 16,35' **S** 073° 06,54' **W**
BC = keine Daten vorhanden

Der Cerro Torre (3128 Meter) ist einer der schönsten Berge der Welt und hat eine lange Besteigungsgeschichte.

► 216/217
51° 05,44' **S** 072° 54,25' **W**
BC = keine Daten vorhanden

Der Torres-del-Paine-Nationalpark ist mit Gletscherseen und patagonischen Gipfeln aus Eis und Granit durchsetzt.

►► 218/219
50° 53,50' **S** 072° 52,37' **W**
BC = keine Daten vorhanden

Das Zentrum des chilenischen Torres-del-Paine-Nationalparks mit seinen außergewöhnlichen Granitwänden und Gletscherseen.

►►► 220/221
50° 07,12' **S** 072° 57,36' **W**
BC = keine Daten vorhanden

Der zum Los-Glaciares-Nationalpark gehörende Lago Argentino ist der größte Süßwassersee in Argentinien und hat eine maximale Tiefe von 500 Metern.

■ 222/223
49° 16,50' **S** 072° 54,56' **W**
BC = keine Daten vorhanden

Der argentinische Los-Glaciares-Nationalpark mit den eindrucksvollen Granitmassiven des Cerro Torre und des Fitz Roy.

► 224/225
49° 45,37' **S** 073° 07,16' **W**
BC = keine Daten vorhanden

Hoch über dem Cerro Norte ist der Anblick des sich zurückziehenden Upsala-Gletschers fantastisch. Er rutscht in den Lago Argentino.

►► 226/227
49° 34,20' **S** 072° 59,20' **W**
BC = keine Daten vorhanden

Der Viedma-Gletscher gleitet in den Lago Viedma und gehört zum südlichen patagonischen Eisfeld, das durchaus polare Ausmaße hat.

■ 228/229
49° 15,52' **S** 073° 06,16' **W**
BC = keine Daten vorhanden

Das Fitz-Roy-Massiv von Westen gesehen, mit den Granitgipfeln, die nach Patagonienforschern und Piloten benannt wurden: Jean Mermoz, Henri Guillaumet und Antoine de Saint-Exupéry.

► 230/231
48° 55,44' **S** 073° 01,29' **W**
BC = keine Daten vorhanden

Das südliche patagonische Eisfeld, das polare Ausmaße hat, gleitet langsam in den Lago O'Higgins (wie er auf der chilenischen Seite heißt) beziehungsweise in den Lago San Martin (wie er auf der argentinischen Seite genannt wird).

►► 232/233
46° 49,18' **S** 072° 52,07' **W**
BC = keine Daten vorhanden

Die Hänge der höchsten Gipfels in Patagonien, Monte San Valentin (4058 Meter), oberhalb des Lago Leones.

SÜDPAZIFIK

12 354 ▪ 46:03

Südpazifik

Concepción–Auckland Entfernung: 12 354 Kilometer • Flugzeit: 46:03 Stunden

Der Pazifische Ozean bedeckt ein Drittel der Erdoberfläche. Ein Teil davon, der Südpazifik, ist mit sehr wenigen Inseln, großen Entfernungen dazwischen und geringem Schiffsverkehr fast leer. Zudem herrschen hier wegen der Verteilung der Hoch- und Tiefdrucksysteme und der Erdrotation während der meisten Zeit des Jahres relativ starke Westwinde. Deswegen hat bislang noch kein so kleines Flugzeug diesen Teil der Erde durchflogen.

Die Virus war nie zuvor voll aufgetankt geflogen, und keiner wusste, wie sich das Flugzeug unter einer solchen Beladung verhalten würde – abgesehen davon, dass die während des letzten Fluges von Punta Arenas aufgetretenen Motorprobleme noch nicht behoben waren. Den tatsächlichen Treibstoffverbrauch, das Wetter, etwaige Stürme und Gegenwind kann man unmöglich vorhersagen, genauso wenig wie das psychische Wohlbefinden des Piloten während des Fluges. So standen wir ohne verlässliche Antworten vor vielen Fragen.

Am folgenden Tag kreuzte Andres tatsächlich in Concepción auf. Wir fanden einen Mechaniker am Flughafen, der sich angeblich mit Rotax-Motoren auskannte. Als ich ihm mein Vorhaben erklärte, schaute er das Flugzeug nur von ferne an – jede ernsthafte Reparatur hätte ihm zu viel Verantwortung abverlangt. Mithilfe von Piloten vor Ort karrten wir eine große Anzahl Plastikkanister, gefüllt mit 93-Oktan-Autobenzin, aus der Stadt zum Flughafen. Weil wir jedoch nicht genau feststellen konnten, wie viel Treibstoff bereits im Flugzeug war, wussten wir auch nicht, wie viel wir brauchen würden. Das komplexe und innovative Tanklüftungssystem machte es schwierig, das Flugzeug aufzutanken, weil wir während des Vorgangs beide Tragflächen so ausbalanciert wie möglich halten mussten. Als endlich nach Stunden schmutziger Arbeit aus allen Lüftungsleitungen gleichzeitig Treibstoff quoll, vermuteten wir, dass die Tanks wirklich voll waren.

Mitten in der Nacht war ich allein an meinem Flugzeug beschäftigt. Im Schein meiner Kopflampe bereitete ich die Maschine und die Ausrüstung vor. Wegen der Kälte hatte der Treibstoff an Volumen verloren, deshalb füllte ich weiteren nach. Trotz seines Gewichts hob das Flugzeug ziemlich schnell von der Startbahn ab. Hinter mir verschwanden die Lichter von Concepción in der Ferne, und vor mir zeigten die Instrumente an, dass der Flug 20 Stunden dauern würde. Der Nordwestwind war gnadenlos. Er bremste mich sehr stark ab. Mir war völlig klar, dass ich unter diesen Bedingungen niemals auf der Insel würde landen können. Zuhause studierte Domen intensiv die auf unterschiedlichen Höhen über dem Pazifik herrschenden Winde und schickte mir die Informationen via SMS zu. Damit brachte er mich in eine Zone mit etwas freundlicheren Winden. Auf diese Weise reduzierte sich meine geschätzte Ankunftszeit auf 18 Stunden, später auf gute 16 Stunden, was theoretisch langte, um den Flugplatz auf der Osterinsel zu erreichen. Das Wetter war relativ gut, und obwohl sich von Süden her eine Wetterfront näherte, standen meine Chancen nicht schlecht, schneller als sie zu sein. Mit dem Satellitentelefon rief ich jede Stunde einmal das Kontrollzentrum in Santiago an, um meine Position und die geschätzte Ankunftszeit durchzugeben. Am »Point of no return«, dem letzten Punkt, an dem mein Treibstoff noch für eine Rückkehr zu den Juan-Fernández-Inseln gereicht hätte, die, obwohl etwas abseits von meiner Strecke gelegen, näher waren als Concepción, fiel mir die Entscheidung, weiterzufliegen, nicht leicht, weil für den letzten Teil der Flugstrecke zunehmender Gegenwind vorhergesagt war.

◄ 234/235
24° 38,25' **S** 124° 45,15' **W**
BC = 0 ng/m³

Ducie Island ist ein unbewohntes Atoll zwischen den Pitcairn-Inseln im Südpazifik. Dort hausen mehr als 90 Prozent aller Murphys Sturmvögel der Welt.

■ 236
27° 05,48' **S** 109° 20,35' **W**
BC = 0 ng/m³

Der Rapa-Nui-Nationalpark auf der Osterinsel hat viele erodierte Vulkankegel.

Die letzten beiden Stunden waren die besten – endlich war klar, dass der Treibstoff bis zum internationalen Flugplatz auf der chilenischen Osterinsel reichen würde. Diese Insel, auch als Isla de Pascua oder Rapa Nui bekannt, gehört zum UNESCO-Welterbe der Menschheit und liegt zum größten Teil innerhalb des Rapa-Nui-Nationalparks.

Sie ist ein gutes Beispiel dafür, wie eine Zivilisation zusammenbricht, wenn sie über die zur Verfügung stehenden natürlichen Ressourcen hinauswächst. Denn ihre polynesische Kultur, die hier im ersten Jahrtausend vor unserer Zeitrechnung herrschte, ist wegen exzessiver Abholzungen langsam verschwunden.

Juan Edmunds, ein Einheimischer, mit dem ich vor dem Flug häufig Verbindung hatte, erwartete mich, um all meine Fragen zu beantworten. Wir erledigten die Flugplatzformalitäten, fuhren in die Stadt Hanga Roa, beschafften uns einige Plastikkanister und transportierten den Treibstoff von der dortigen Tankstelle zum Flughafen. Ich machte mir große Sorgen wegen der Treibstoffqualität, hatte aber keine andere Wahl, weil der 100LL-Treibstoff von Chile nicht mehr geliefert wurde.

Die frühen Morgenstunden strahlten in herrlichen Farben, als ich die Asphaltstartbahn verließ und über die Krater der Vulkane Rano Kau und Tereavka flog, um Fotos zu machen, hauptsächlich aber, um zu testen, wie das Flugzeug mit dem Treibstoff der Osterinsel flog. Da der Motor keine Probleme machte, steuerte ich direkt auf die weit entfernte Totegegie-Insel zu, wo eigentlich ein Fass Treibstoff auf mich warten sollte. Ich wurde vom Gegenwind gebremst und flog in der Nähe der unbewohnten Ducie-Insel in eine schwarze Wolkenwand hinein, die mich wegen der schlechten Sichtverhältnisse und des starken Regens dazu zwang, gefährlich tief zu fliegen. Voller Angst und Schrecken flog ich dicht über der Wasseroberfläche weiter und vermied so die Sturmzellen. In der Nähe der Henderson-Insel, einem unbewohnten Korallenatoll, wurde das Wetter besser und blieb stabil bis zu meiner Landung auf dem Mangareva Airport auf der Totegegie-Insel.

Dort wartete ein Fass des etwas schlechteren Avgas 100/130 auf mich, zusammen mit einer Gruppe von Polynesiern, die mich neun Kilometer über die raue See in den Ort Rikitea auf der Hauptinsel mitnahmen, wo die Meereshöhe in den letzten fünf Jahren aufgrund der Erderwärmung bereits um sieben Zentimeter gestiegen ist.

Am folgenden Tag war das Wetter auf der ganzen Strecke nach Tahiti gut, aber mein Motor fing erneut an, schwer zu vibrieren, was mich dazu zwang, noch einmal alle Notwasserungsmaßnahmen durchzugehen. Nach drei Stunden voller Ungewissheit entdeckte ich endlich die riesige Wolke über Tahiti – und den Flughafen, der auf der Nordseite des 2241 Meter hohen erloschenen Vulkans Mont Orohena liegt.

Seit Patagonien kämpfte ich nun schon mit Motorproblemen. Deshalb beschloss ich gemeinsam mit den Experten von Pipistrel, dass ich das Schicksal lange genug herausgefordert hatte und der Motor vor meinem Weiterflug über den Pazifik inspiziert werden musste.

Colin Martin aus Tauranga, Neuseeland, war der einzige Mensch im gesamten pazifischen Becken, der mit Rotax-Motoren vertraut war. Er flog am folgenden Tag auf Pipistrels Bitte nach Tahiti hinüber, wo er den Motor wartete und zu dem Schluss gelangte, dass sich das Problem wahrscheinlich auf verschmutzten oder ungeeigneten Treibstoff zurückführen ließ.

Der kurze, vier Stunden dauernde Flug über Mo'orea zu den Cook-Inseln erweckte in mir neues Vertrauen in meine Maschine, was für den nächsten langen Abschnitt nach Auckland, Neuseeland, wirklich wichtig war. Denn es folgte ein sehr schwieriger Flug mit starken Gegenwinden, Regen und heftigen Turbulenzen in den Wolken einer ausgedehnten Kaltfront, die glücklicherweise auf dem feuchten Asphalt des internationalen Flughafens von Auckland, der größten Stadt auf der Nordinsel Neuseelands, ein gutes Ende nahm.

■ 239
24° 24,12' **S** 128° 19,54' **W**
BC = 0 ng/m³

Auf Henderson Island, einem unbewohnten Atoll zwischen den Pitcairn-Inseln, leben viele endemische Arten. Es ist eines der wenigen Atolle, das nicht von Menschen beeinflusst wurde.

► 240/241
30° 38,38' **S** 097° 09,41' **W**
BC = 0 ng/m³

Der Südpazifik ist eine der entlegensten Gegenden der Erde.

►► 242/243
27° 12,33' **S** 109° 26,20' **W**
BC = 0 ng/m³

Im Krater von Rano Kau, dem größten Vulkan auf der Osterinsel, liegt ein Süßwassersee. An der westlichen Kante des Kraters befindet sich die alte Zeremonienstadt Orongo.

►►► 244/245
23° 02,38' **S** 134° 49,46' **W**
BC = 0 ng/m³

Die Gambier-Inseln in Französisch-Polynesien sind von einem Korallenriff umgeben. Auf der Hauptinsel, die vulkanischen Ursprungs ist, liegt das Dorf Rikitea.

■ 246/247
17° 29,26' **S** 149° 32,22' **W**
BC = 47 ng/m^3

Tägliche Stürme sind typisch für das Wetter auf dem bergigen und waldbedeckten Tahiti.

■ 248/249
17° 27,51' **S** 149° 28,50' **W**
BC = 11 ng/m³

Hinter der Stadt Mahina auf Tahiti auf der größten Insel Frankreichs, erhebt sich der Mount Orohena, dessen höchster Gipfel 2241 Meter hoch ist.

► 250/251
17° 27,05' **S** 149° 45,42' **W**
BC = 60 ng/m³

Mount Tohivea, der höchste Gipfel auf Moore's Island, liegt nur 17 Kilometer nordwestlich von Tahiti und ist 1207 Meter hoch.

►► 252/253
21° 10,45' **S** 159° 49,27' **W**
BC = 34 ng/m³

Der Rarotonga International Airport auf den vulkanischen Cook-Inseln, umgeben von fantastischen Korallenriffen.

►►► 254/255
37° 31,40' **S** 175° 59,54' **W**
BC = 30 ng/m³

Die kultivierte Landschaft in Tauranga Bay, südöstlich von Auckland, auf der Nordinsel Neuseelands.

AUSTRALIEN

6157 ▪ 24:10

Australien

Auckland–Broome

Entfernung: 6157 Kilometer • Flugzeit: 24:10 Stunden

Einen Tag nachdem ich in Auckland gelandet war, musste ich das Flugzeug bei schlechtem Wetter, starken Winden und extremen Turbulenzen zur nahe gelegenen Stadt Tauranga verlegen, wo die Firma Solo Winds, die Martin, dem Mechaniker aus Tahiti, gehörte, ihr Hauptquartier hatte. Der direkte Seitenwind wehte mit 40 Knoten und war fast zu heftig für mein kleines Flugzeug. Also entschied ich mich für die parallel verlaufende Graspiste und brachte das Flugzeug sehr langsam und mühselig in den Hangar, wo der Motor gründlich gewartet wurde.

Um die schöne Natur der Nord- und der Südinsel zu sehen, hatte mein ursprünglicher Plan darin bestanden, nach Invercargill, ganz unten im Süden, zu fliegen und dann nach Canberra, Australien, wo meine Landsleute einen großen Empfang für mich vorbereiteten. Unglücklicherweise wollte das Wetter nicht so recht mitspielen, denn es fegten heftige Winde mit schlechtem Wetter über den Süden Neuseelands. Wegen der vielen pazifischen Wirbelstürme ist auch Australien zu dieser Jahreszeit ziemlich ungeeignet für kleine Flugzeuge. Direkt über Canberra und dem nördlichen Cairns lagen zwei Wirbelstürme mit heftigen Regenfällen, die bereits Überschwemmungen verursachten.

Ich hatte keine Zeit, darauf zu warten, dass das Wetter sich bessern würde, weil die schwierigen und unsicheren Flugstrecken über Australien, Indonesien, den Mount Everest, den Indischen Ozean und ganz Afrika noch vor mir lagen.

Das Wetter um Brisbane herum und an der Gold Coast war etwas besser, also hob ich von der Bay of Plenty in Tauranga ab und flog die 2400 Kilometer lange Strecke von Neuseeland nach Australien geradewegs über die Tasmanische See. Einige Minuten lang glitt ich über die Nordinsel, die hauptsächlich aus Flachland besteht, unterbrochen von zahlreichen Siedlungen und Ackerflächen. Südlich von Auckland verließ ich erneut das Land und strebte auf das offene Meer hinaus, auf einem Flug, der sich trotz der respektablen Strecke von 2200 Kilometern nur wie ein kleiner Sprung von der Insel zum Kontinent anfühlte – nichts im Vergleich zum Flug über den Pazifischen Ozean, der fast den halben Erdball umspannt.

Während des größten Teils des Fluges über den tief liegenden Wolken war das Wetter gut und der Wind günstig. Aber bevor ich auch nur annähernd in die Nähe der Küste Australiens gelangt war, wurde die Wolkendecke immer dicker und behinderte meine Sicht nach Westen. Ich ließ mich fast bis zur Oberfläche des Meeres hinuntersinken und flog unter den tiefen Wolken weiter, bei leichtem Sprühregen und schlechter Sicht. Dann erreichte ich das Kap bei Coolangatta und überflog schon bald die sandigen Strände der Gold Coast direkt vor dem Flughafen.

Dort wartete bereits Michael Coates auf mich – ein bemerkenswerter Mensch, langjähriger Freund, witziger Gesprächspartner und sehr erfolgreicher Pipistrel-Handelsvertreter für Australien und die USA – und half mir, die komplizierten Zollformalitäten schneller abzuwickeln. Später am selben Tag überflog ich bei Regen und schlechter Sicht die prestigeträchtigen Hotels an den Sandstränden von Palm Beach, Australien, und brachte das Flugzeug zum kleinen Flughafen des Gold Coast Sport Flying Club, wo Michael einen Hangar hatte, in dem er die winzigen Defekte reparieren konnte, die während des letzten Fluges aufgetreten waren.

◄ 256/257
26° 35,34' **S** 140° 06,50' **E**
BC = 26 ng/m^3

Der Wirbelsturm, der Australien von Darwin nach Melbourne überquerte, füllte die Wüste mit unglaublichen Wassermengen.

■ 258
26° 37,33' **S** 140° 18,37' **E**
BC = 28 ng/m^3

Nach dem Regen versuchen viele Wasserläufe, den Eyre-See zu erreichen. Nur wenige schaffen es.

Die Satellitenbilder waren nicht gerade verheißungsvoll. Die Wetterbedingungen an den nord- und südöstlichen Küstenabschnitten Australiens waren noch immer schlecht. Also beschloss ich, ins rote Herz des trockenen Kontinents zu fliegen, das mehr dem Mars als der Erde gleicht. Dort hatte sich nach dem Durchzug eines heftigen Wirbelsturms eine große Lücke aufgetan.

Eine Viertelstunde nach dem Start gab mir der Fluglotse in Brisbane die Genehmigung, direkt zum Ayers Rock zu fliegen. Acht Stunden ohne Funkverbindung – das war die absolute Freiheit, der Traum eines jeden Fliegers, der nur in Australien Wirklichkeit wird. Ich war allein in der Luft, um mich herum nur das Brummen des Motors und die herrliche überirdische Landschaft. Dann überflog ich die mehr als 1000 Meter hohen bewaldeten Kämme des Main-Range-Nationalparks. Das Wetter wurde immer besser, und im Osten zeigte sich eine dünne helle Linie. Irgendwo im Süden der Stadt Charleville, wo das Farmland langsam in unbewirtschaftete Wildnis übergeht, verwandelte sich die dünne helle Linie in einen tiefblauen Himmel, der mich durch die ganze australische Wildnis begleiten sollte. Wegen des Tiefdruckgebiets, das am Vortag den ganzen Kontinent überquert und schweren Regen mitgebracht hatte, war das ganze Ödland um Cooper Creek und die Flüsse Diamantina und Georgina herum völlig überflutet, obwohl diese Flüsse normalerweise austrocknen, noch bevor sie den Lake Eyre im gleichnamigen Nationalpark erreichen. Die sonst trockene Landschaft der Simpson-Wüste war in ein Farbenmeer getaucht. Die völlig freie Sicht bis zum Lake Yamma Yamma im Norden und zum Lake Eyre im Süden, die nie gesehene Landschaft einer überfluteten Wüste, die absolute Leere und die natürliche Gestaltung von Linien und Farben ließen mich in einen Fotografierrausch verfallen und gaben mir das ungewöhnliche Gefühl, etwas Einzigartiges zu erleben. Dieses Land, das so anders ist als mein Heimatland, mit seiner für mich unfaßbaren blutigen Geschichte der Ausrottung der Kultur der Aborigines, flog unter mir vorbei, enthüllte mir neue Geheimnisse und zeigte mir Landschaften, die in meinen Augen fast so aussahen, als gehörten sie überhaupt nicht auf diesen Planeten.

Im Laufe des Tages verwandelte sich der ruhige Flug wegen der Thermik, die von überall her auftauchte und die Maschine kräftig umherschubste, in einen Wüstentanz. Gerade etwas mehr als eine Stunde bevor ich nördlich des Uluru (Ayers Rock), des heiligen Berges der Aborigines, landete, der im Uluru-Kata-Tjuta-Nationalpark liegt, begannen starke Vibrationen das Flugzeug durchzuschütteln. Zum Glück hörten sie bald wieder auf. Sobald ich mich ein wenig beruhigt hatte, überquerte ich die traumhaften Muster des Lake Amadeus, eines riesigen Salzsees, der mehrere Hundert Millionen Tonnen Salz enthält, und die Monolithen des Uluru und des Kata Tjuta (Mount Olga). Diese beiden riesigen roten, sedimentären Felsformationen gehören zum UNESCO-Weltnaturerbe. Inzwischen sind sie zur herausragenden australischen Touristenattraktion geworden – und die Stämme der Ureinwohner zu Angestellten der Touristenindustrie und Souvenirverkäufern ihrer uralten Kultur.

Wie von den Pipistrel-Experten verlangt, inspizierte ich nach der Landung die wichtigsten Teile des Flugzeugs und schickte die Fotos nach Slowenien. Nach ihrer Antwort musste ich 14 Tage auf die Ankunft von Tomaž und Matej warten – zwei Experten, die die von den schweren Turbulenzen mitgenommene Zelle des Flugzeughecks reparierten.

Die langen Wanderungen zu den geheimnisvollen Überresten der Ureinwohnerkultur, die Zeit des Wartens auf dem Flughafen und die schwierigen Reparaturen nahmen schließlich am Tag des Testflugs ein Ende. Denn er bestätigte Tomaž' Behauptung, dass das Heck nun so gut wie neu sei. Mit der Hilfe von James, dem Chef-Hubschrauberpiloten von PHS, der uns erlaubt hatte, für die Reparaturen einen von deren Hangars zu benutzen, arbeitete ich die vor mir liegende Route aus, die über den Kontinent direkt nach Nordwesten zur Stadt Broome, an die Küste des Indischen Ozeans, führte.

■ 261
27° 38,42' **S** 151° 48,03' **E**
BC = 98 ng/m³

Hinter der waldbedeckten Kette der Main Range liegt eine weite Ebene, die langsam in die zentrale australische Wüste übergeht.

► 262/263
27° 39,42' **S** 152° 22,36' **E**
BC = keine Daten vorhanden

An der östlichen Küstenlinie Australiens fällt genug Regen für intensive Landwirtschaft.

►► 264/265
27° 27,40' **S** 148° 10,05' **E**
BC = 36 ng/m³

Gute 500 Kilometer von der feuchten Gold Coast entfernt, beginnt sich die Landschaft zu ändern und die üppige Vegetation wird immer kärglicher.

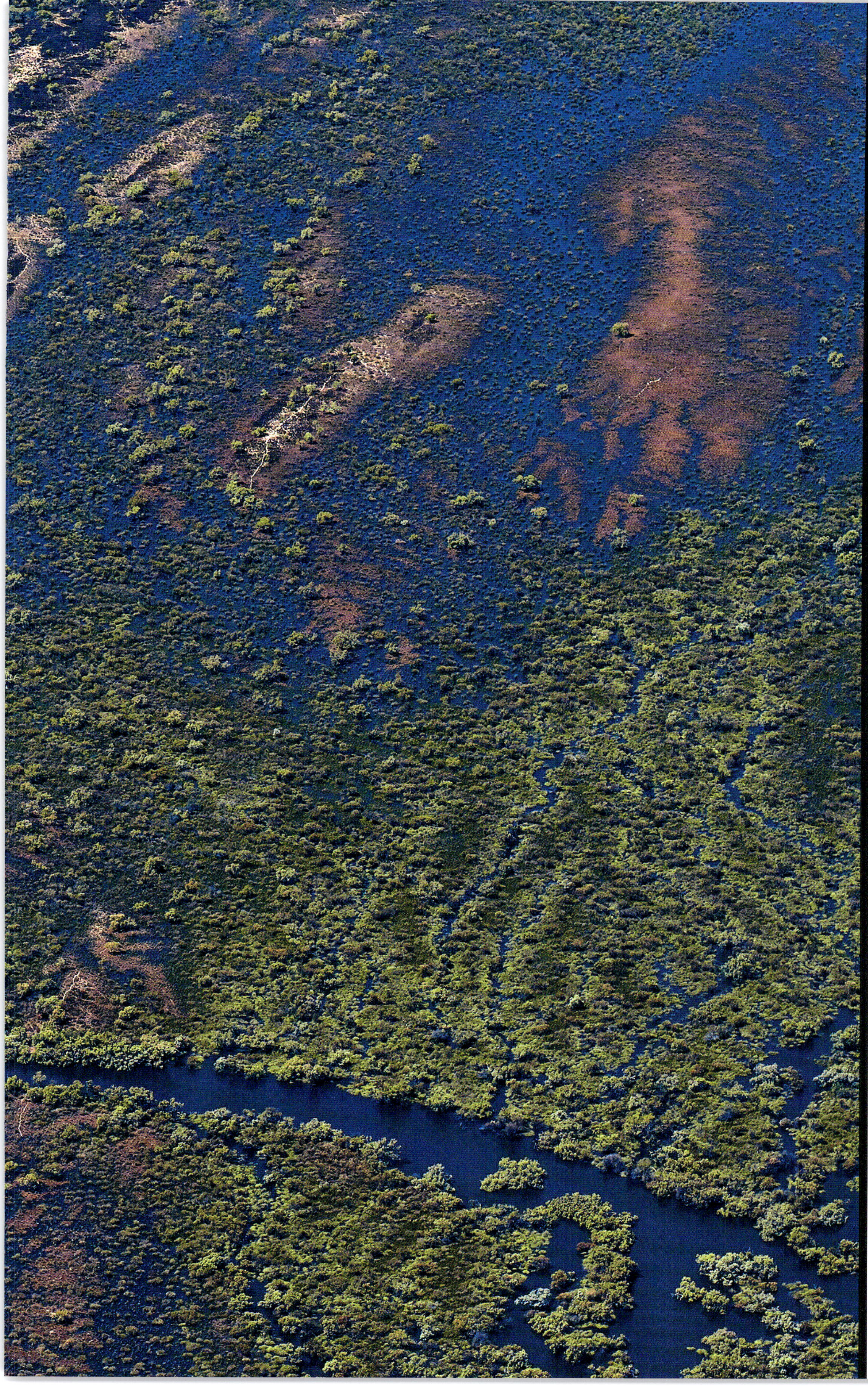

■ 266/267
26° 50,55' **S** 141° 58,34' **E**
BC = 29 ng/m³

Cooper Creek erwacht nach heftigen Regenfällen zum Leben, mit Wasserläufen, die auf den Lake Eyre zufließen.

► 268/269
26° 18,01' **S** 135° 35,25' **E**
BC = 9 ng/m³

Der Witjira-Nationalpark am Westrand der Simpson-Wüste ist für seine Thermalquellen bekannt.

►► 270/271
26° 17,46' **S** 137° 42,57' **E**
BC = 11 ng/m³

Die Simpson-Wüste ist die größte Wüste der Welt, mit langen Sanddünen, die sich Dutzende Kilometer von Nord nach Süd erstrecken.

►►► 272/273
26° 18,18' **S** 137° 47,18' **E**
BC = 11 ng/m³

Im Simpson Desert Conservation Park liegen zahlreiche Seen, die, wie der Peera-Peera-Poolanna-See, nur während der Regenzeit auftreten.

■ 274/275
25° 10,58' **S** 132° 05,13' **E**
BC = 9 ng/m³

Lake Amadeus ist der größte Salzsee im nördlichen Territorium Australiens. Er enthält 600 Millionen Tonnen Salz.

► 276/277
25° 14,57' **S** 130° 43,59' **E**
BC = 15 ng/m³

Kata Tjuta, auch als Mount Olga bekannt, besteht aus einer Gruppe von Bergen aus Sediment und Geröll und liegt gute 20 Kilometer westlich des berühmteren Uluru im Uluru-Kata-Tjuta-Nationalpark.

►► 278/279
23° 31,22' **S** 128° 50,31' **E**
BC = 0 ng/m³

Lake McDonald liegt 70 Kilometer südlich des größten Salzsees, Lake Mackay, im westlichen Australien.

INDONESIEN–
THAILAND–INDIEN

6940 ▪ 30:01

Indonesien–Thailand–Indien

Broome–Patna

Entfernung: 6940 Kilometer • Flugzeit: 30:01 Stunden

Wenige Tage vor meiner Ankunft hatte es in Broome Überschwemmungen gegeben und die Straßen waren voller Abfall. Noch immer hing der Geruch von Fäulnis in der Luft. Tatsächlich wirkt die Stadt osteuropäisch, mit dem Unterschied, dass es hier viel weniger Bürokratie gibt – abgesehen von den obligatorischen Zollformalitäten, die irgendwo im Hafen zu erledigen waren. Das Wetter in Indonesien kann zu dieser Jahreszeit ziemlich ungemütlich sein. Am frühen Morgen türmen die hohen Temperaturen und die Feuchtigkeit riesige Cumulonimbuswolken auf, die sich bald in eine Sturmwand verwandeln. Man tut gut daran, sie von sehr weit entfernt zu betrachten.

Bali liegt, in gerader Linie über den Indischen Ozean, 1300 Kilometer entfernt. Die Wettervorhersage für den ersten Teil des Fluges war gut, aber in der Nähe von Indonesien sollte es schlechter werden, was für eine so kleine Maschine riskant war. Ich beruhigte mich damit, dass ich seit den Cook-Inseln den richtigen Treibstoff hatte und der Motor keine Probleme mehr machte. Zudem ist der Indische Ozean, anders als das Meer der Antarktis, ziemlich ruhig und warm.

Lange bevor ich Bali erreichte, begannen sich riesige Cumuli vor mir aufzubauen. Sie wuchsen so schnell, dass ich sie unmöglich überfliegen konnte. Also musste ich unterhalb der Wolken auf das düstere und regnerische Indonesien zufliegen. Ich erreichte Bali bei Kuta und zog tief über der Küste weiter nach Osten in die gut zwei Kilometer breite Bali-Straße, die es mir ermöglichte, mich durch ein Sturmlabyrinth zu schlängeln und an der Nordseite der Insel Java Schutz zu suchen, wo ich günstigere Wetterbedingungen erwartete. Unter dem 1247 Meter hohen Vulkan Baluran, im gleichnamigen Nationalpark, klarte das Wetter auf und gab die Sicht auf die in den Sturmwolken verschwindenden bewaldeten Hänge frei. Das gesamte Innere der Insel war von massiven Cumulonimbuswolken bedeckt, in denen sich die herrlichen Vulkankegel versteckten. Aber die nördliche Küste war auf ganzer Strecke bis fast nach Jakarta frei.

Ich landete auf dem Halim Perdanakusuma Airport mit seiner ausgeprägten Bürokratie, wo auch die ausgezeichnete Flugschule Nusa Flying International ihren Sitz hat. Dort werden junge Piloten aus aller Welt für die schnell wachsende Flugindustrie in Asien geschult. Die bunt zusammengewürfelten Teams junger energiegeladener Piloten gefielen mir, und sie waren ziemlich neugierig. Ich musste ihnen meine gesamte langwierige Reise von Slowenien nach Jakarta innerhalb weniger Minuten erzählen, während die Instruktoren mir halfen, die bürokratischen Hürden zu nehmen und ein wenig Treibstoff nachzutanken. Deshalb konnte ich auch am nächsten Tag relativ früh nach Thailand starten, obwohl der Flug wegen des Wetters noch immer nicht in trockenen Tüchern war. Das regnerische Wetter über Sumatra verwandelte sich südlich von Singapur in einzelne Stürme. Aber über dem Meer an der Ostküste Malaysias war es wieder klar. Das gute Wetter über dem Golf von Thailand und die dünne Smogschicht auf einer Höhe von 3000 Metern begleiteten mich auf der ganzen Strecke bis zum U-Tapao Royal Thai Navy Airfield, wo ich von Nawaporn »Neil« Sawaetwong,

◄ 280/281
08° 22,32' **S** 114° 39,08' **E**
BC = 55 ng/m³

Bali ist eine bergige Insel vulkanischen Ursprungs. Zwischen ihr und Java liegt die Bali-Straße, die nur gute zwei Kilometer breit ist.

■ 282
04° 39,45' **S** 105° 23,14' **E**
BC = 12 ng/m³

Lampung, eine indonesische Provinz an der Südspitze der Insel Sumatra, wird oft von Erdbeben erschüttert.

Pipistrels Vertreter für Thailand und Eigner des Pattaya Air Park, erwartet wurde. Neil und seine Frau gaben sich wirklich alle Mühe, meinen kurzen Aufenthalt in Thailand so angenehm und einfach wie möglich zu gestalten. Ich konnte auch den Sauerstoffreservetank abholen, den ich vor Monaten dorthin geschickt hatte. An jenem nebligen Morgen, als ich Richtung Myanmar, Bangladesch und Indien startete, war Neil mit mir am Flughafen. Ich hatte keine Ahnung, dass ich dort zum letzten Mal seine Hand schütteln sollte. Ein Jahr später erhielt ich in Slowenien die Nachricht, dass sein Flugzeug abgestürzt und dieser große Flugenthusiast tot war.

Erst in 3500 Metern Höhe entkam ich den Wolken, die ganz Myanmar und Teile Bangladeschs bedeckten. Der einzige Kontakt, den ich mit dem Land unter mir hatte, war der mit dem Tower in Yangon. In Richtung Westen wurde das Wetter besser und irgendwo über der Bucht von Bengalen und dem weiten Delta der Flüsse Ganges, Brahmaputra und Meghna verschwanden die Wolken. Im Winter bildet sich über dem indischen Subkontinent ein ausgedehntes Hochdruckgebiet, das stabiles und klares Wetter mit sich bringt. Aber wegen des Smogs ist die Sicht unterhalb von 4000 Metern sehr schlecht.

Wie die vielen mangrovenbedeckten Inseln der Bucht von Bengalen aussehen, konnte ich nur ahnen. Die Mangroven verfügen über Luftwurzeln. Sie können in salzhaltiger Umgebung wachsen, das Innere der Inseln vor Überschwemmungen bewahren, die von den tobenden Wirbelstürmen verursacht werden, und schützen die etwa 500 verbliebenen Bengalischen Tiger, die noch immer im Sundabarns-Nationalpark nach Beute jagen. Fast alles Wasser, das von den Gletschern des Himalajas herunterkommt, fließt in die Bucht von Bengalen. Auf der Nordseite wird es vom Brahmaputra mitgenommen, auf der Südseite vom heiligen Fluss Ganges.

Als ich die Grenze überflog, wurde der freundliche Fluglotse in Dhaka, der Hauptstadt von Bangladesch, von einem unfreundlichen Kollegen in der indischen Stadt Kalkutta abgelöst. Dieser bestand darauf, dass ich nach den Regeln des Instrumentenflugs zu fliegen habe, was lange Umwege und unnötige Zeitverschwendung mit sich brachte. Erst nach langem Hin und Her konnte ich ihm klarmachen, dass mein Treibstoff knapp wurde. Schließlich gab er mir doch die Genehmigung, direkt nach Patna zu fliegen, einer alten, dicht besiedelten Stadt, die im südlichen Teil des fruchtbaren Schwemmgebiets des Ganges liegt.

Weil wegen des Smogs keine horizontale Sicht herrschte, schaltete ich vom Sichtflug in den Instrumentenflug und landete gemäß der Standardvorschriften auf dem heißen Asphalt. Sofort tauchte ein ganzer Schwarm Offizieller um das Flugzeug herum auf. Jeder hielt ein Klemmbrett mit den jeweiligen Preisen für Festmachen, Unterlegkeile, Beförderung, Gepäcktransport usw. in der Hand. Als ihnen klar wurde, dass ich das alles allein erledigen würde, zogen sie sich in ihr eiskaltes klimatisiertes Gebäude zurück. Leider hatte ich weder ein Visum noch eine Genehmigung und so wurde die Lage ziemlich kompliziert. Aber es war wie immer: Mit viel Geduld, einem Lächeln und gutem Willen war endlich spät in der Nacht alles erledigt. Blieb nur ein einziges ernsthaftes Problem: Der mir versprochene Treibstoff war nicht angeliefert worden.

■ 285
12° 45,44' **N** 100° 58,42' **E**
BC = keine Daten vorhanden

Khao Chee Chan, auch als Buddha-Berg bekannt, liegt in der Nähe des buddhistischen Tempels Wat Yansangwararam in Pattaya.

► 286/287
06° 14,35' **S** 107° 27,07' **E**
BC = 424 ng/m^3

Indonesien ist der drittgrößte Reisproduzent der Welt.

►► 288/289
06° 13,00' **S** 107° 14,59' **E**
BC = 550 ng/m^3

Ackerland im Osten von Jakarta, der Hauptstadt Indonesiens.

►►► 290/291
01° 30,57' **N** 104° 16,54' **E**
BC = 145 ng/m^3

Die Südküste Malaysias nahe Singapur.

๒๕๓๙
มหาวชิรอุตตโมภาสศาสดา

■ 292/293
03° 57,45' **N** 103° 27,40' **E**
BC = 239 ng/m³

Gebeng ist eine kleine malaysische Industriestadt nahe dem Hafen von Kuantan an der Küste des Südchinesischen Meeres.

► 294/295
04° 12,26' **N** 103° 27,29' **E**
BC = 222 ng/m³

Der schmutzige Kemaman ergießt sich nahe der Stadt Chukai an der Ostküste Malaysias ins Meer.

►► 296/297
03° 31,46' **N** 103° 33,25' **E**
BC = 234 ng/m³

Mit seiner Länge von 460 Kilometern ist der Pahang der längste Fluss der malaysischen Halbinsel. Er fließt nahe der Stadt Pekan ins Südchinesische Meer.

►►► 298/299
12° 55,11' **N** 100° 47,27' **E**
BC = keine Daten vorhanden

Ko Lan, eine Touristeninsel in der Bucht von Bangkok, liegt nur sieben Kilometer von Pattaya entfernt.

MOUNT EVEREST UND INDISCHER OZEAN

9843 ▪ 40:21

Mount Everest und Indischer Ozean

Kathmandu–Jaipur–Trivandrum–Seychellen–Sansibar

Entfernung: 9843 Kilometer • Flugzeit: 40:21 Stunden

In all meinen Bergsteigerjahren war Nepal immer ein Land aufregender Abenteuer und hochfliegender Träume gewesen. Die Berge waren so reizvoll und die Menschen so anders, dass sogar schon die Wanderung zum Basislager, wo wir unsere Kletterausrüstung anlegten, eine ganz eigene, besondere Zeremonie war. Ich war im Rahmen verschiedener Himalaja-Expeditionen oft in Nepal gewesen: als Trekkingtour-Organisator oder Ausbilder der slowenischen Bergführerschule. Während meiner Zeit dort passierten viele Unfälle, weil es extrem schwierig ist, im Kathmandu-Tal zu landen, das im Norden von den Himalaja-Riesen und im Süden von den Sivalik-Hügeln eingeschlossen ist.

Bevor Piloten auf dem 1400 Meter hoch gelegenen Tribhuvan International Airport landen dürfen, müssen sie ein Spezialtraining absolvieren. Dementsprechend nervös war ich vor meinem Start in Patna, Indien. Insbesondere, weil ich nachtanken musste und der Flughafen nicht den richtigen Treibstoff liefern konnte.

Während des ersten Teils des Fluges über die Ebenen der nepalesischen Region Terai, irgendwo entlang des südöstlichen Randes des Chitwan-Nationalparks, war das Wetter zwar gut, die Sicht aber ziemlich schlecht. Über den Sivalik-Hügeln, einer 2400 Kilometer langen Kette von bis zu 3000 Meter hohen waldbedeckten Bergen, wurden die Wolken dicker. Quer durch diese Bergkette fließt der Ganges, und auch der Tribhuvan Highway kreuzt sie, eine Straße, die Indien mit der Hauptstadt Nepals verbindet. Der Flug erwies sich als ziemlich anstrengend. Wegen der schlechten Sichtverhältnisse im Kathmandu-Tal untersagten die Fluglotsen alle Sichtflüge. Ich musste also auf Instrumentenflug umschalten und denselben Vorschriften folgen wie die großen Verkehrsflugzeuge. Die Verbindung zum Tower war ziemlich schlecht, weil ich durch Wolken flog. Zudem kreisten viele Verkehrsflugzeuge auf unterschiedlichen Höhen um denselben Einflugpunkt. Weil der Fluglotse nicht zuließ, dass ich einen NDB-Anflug machte, wurde mein Treibstoff knapp. Ich teilte ihm mit, dass ich bald eine Luftnotlage erklären müsse. Natürlich fand er dann sofort eine kleine Lücke zwischen zwei Airbus-Maschinen und gab mir die Genehmigung, den Flughafen anzufliegen. Ich war unglaublich erleichtert, als ich endlich durch den Smog hindurch das Stadtchaos von Kathmandu und die Landebahn erkennen konnte.

In Kathmandu landen nicht viele ausländische Privatflugzeuge, weil es unglaublich schwierig ist, eine Genehmigung zu erhalten. Glücklicherweise gibt es den Avia Club Nepal in Pokhara, eine Gesellschaft, die von Natasha Shrestha und ihrem Sohn Stephen, dem ersten Privatpiloten Nepals, gegründet wurde. Natasha erledigte die folgenden endlosen bürokratischen Komplikationen mit stoischer Ruhe, einem freundlichen Lächeln – und saftigen Schmiergeldern.

Zu meiner großen Freude stieß in Nepal das ganze Team von GreenLight WorldFlight zu mir, das wegen der Internetausfälle große Schwierigkeiten hatte, ihre Website auf dem neuesten Stand zu halten.

Zusätzlich zu der Genehmigung, die ich bislang noch nicht hatte erhalten können, brauchte ich auch gutes Wetter, wenn ich über den Gipfel des Mount Everest fliegen wollte. Im März und April ist die Luft im Himalaja wegen des starken Jetstreams, der in der oberen Troposphäre auf Höhen

◄ 300/301
28° 32,01' **N** 084° 27,21' **E**
BC = keine Daten vorhanden

Östlich der tiefen Schlucht des Marsyangdi-Flusses, schwingen sich die Hänge des Manaslu, des achthöchsten Berges der Welt, in den Himmel.

■ 302
27° 17,27' **N** 079° 39,08' **E**
BC = 104 ng/m³

Der Ganges, der heiligste Fluss der Hindus, entspringt im westlichen Himalaja und fließt in die Bucht von Bengalen.

zwischen 7000 und 12 000 Metern weht, noch sehr turbulent. Selten sind diese hurrikanstarken Winde langsamer als 200 km/h. Im Mai schiebt der Monsun, der feuchte Luftmassen vom Golf von Bengalen heraufbringt, den Jetstream nach Norden, weit nach Tibet hinein. Daraus ergeben sich windstille Wetterbedingungen, sogar ganz oben auf dem Mount Everest. Aber noch war es März, und es bestand kaum Hoffnung auf ein Wetterwunder. Also nutzte ich das relativ gute Wetter in Pokhara, einer Touristenstadt, die an einem idyllischen Fluss im Kali-Gandaki-Tal liegt, um die neue Sauerstoffausrüstung in Höhen bis zu 7500 Metern in der Gegend um die Berge des heiligen Machapuchare, Annapurna II und Manaslu zu testen. In größeren Höhen waren die Turbulenzen wegen der starken Winde zu groß.

Am dritten Morgen sah die Wetterlage bereits vielversprechend aus. Der Himmel war klar, und oben auf dem Mount Everest wehten relativ schwache Winde mit 85 km/h. Ich hatte zwar noch immer keine Genehmigung, den Mount Everest zu überfliegen, aber dennoch einen Plan für eine solche Gelegenheit vorbereitet. Also flog ich im ersten Tageslicht los und stieg aus dem nebligen Talkessel zu den Achttausendern Dhaulagiri, Annapurna und Manaslu sowie zu den zahllosen Siebentausendern hoch. Jenseits der 6000 Meter erwischten mich die ersten Turbulenzen, deshalb blieb ich ein bisschen weiter unten und flog entlang der südlichen Hänge der Himalaja-Riesen in der Langtang-Region und Gauri Shankar zum Flughafen Lukla, wo ich landen konnte, falls mir die Maschine wieder Ärger machen sollte. Dann begann ich den schwierigen Steigflug in der turbulenten Luft. Zuerst über die Gipfel des Thamserku und Kangtega auf die Ama Dablam zu und dann über den Nuptse-Lhotse-Grad in Richtung des Mount-Everest-Südsattels. Auf einer Höhe von etwa 9000 Metern, in der Nähe des höchsten Gipfels der Welt, zwangen mich Probleme mit der Sauerstoffmaske, heftigen Winden, Kolben und Turbulenzen, nach Pokhara zurückzukehren. Bald wurde das Wetter in den Bergen wieder schlechter, also flog ich schon am nächsten Tag nach Kathmandu zurück und weiter im Instrumentenflugmodus nach Jaipur, der Hauptstadt von Rajasthan, die auch als Pink City (Rosa Stadt) bekannt ist. Dort erwarteten mich der slowenische Botschafter Janez Premože und der Pipistrel-Repräsentant Captain Vibhooti, der das bürokratische Prozedere übernahm und mir auch die Vorbereitungen für den Weiterflug am nächsten Morgen sehr erleichterte.

Und wieder besserte sich das Wetter, als ich in der ruhigen Luft geradewegs nach Süden abhob. Leider war die Sicht fast gleich Null. Auf 300 Metern Höhe war der Himmel über mir blau, aber die Luft war so stark verschmutzt, dass ich keine horizontale Sicht hatte. Über Kerala, das wegen seiner Küstenlage im feuchten Äquatorklima liegt, wich der Smog den Wolken. Im Anflug auf Trivandrum, die Hauptstadt dieses indischen Staates, traf ich bereits auf einzelne Schauer, und im Süden, in Richtung Sri Lanka, warteten riesige Sturmwolken auf mich. Diese reinigten die Luft die ganze Nacht hindurch und wuschen die dicken Schmutzschichten wieder weg, die sich während des Fluges vorn an der Maschine gebildet hatten.

Ich war bereits ein ganzes Stück in Richtung Malediven geflogen, als mich am nächsten Morgen die ersten Sonnenstrahlen trafen. Das Wetter blieb stabil und die intertropische Konvergenzzone, die für gewöhnlich von Stürmen beherrscht wird, war zum Glück wenig ausgeprägt. Das sorgte für einen ruhigen, langweiligen Flug. Jetzt war mein Hauptproblem nicht das Wetter, sondern meine Müdigkeit, meine Erschöpfung und meine Zweifel – zudem lauschte ich auf jedes ungewöhnliche Motorengeräusch. Elf Stunden später entdeckte ich die ersten der insgesamt 115 meist aus Granit und Korallen bestehenden Inseln der Seychellen. Nach einem Tag Erholung hob ich zu einem 1600-Kilometer-Flug an die Küste Tansanias ab und hoffte auf eine Gelegenheit, über die sterbenden Gletscher des Kilimandscharo fliegen zu können. Die Stürme zwangen mich, einen Umweg zu machen, deshalb landete ich auf der Insel Sansibar – einst ein wichtiger arabischer Außenposten. Im 9. Jahrhundert wurden dort jährlich 50 000 Sklaven verkauft, wobei die ursprüngliche Zivilisation Afrikas immer mehr verarmte. Heute herrscht auf der Insel eine Mischung aus verschiedenen afrikanischen und arabischen Kulturen, und jedes Jahr sind die Inseln Unguja und Pempa von Touristen überlaufen.

■ 305
27° 42,45' **N** 085° 17,47' **E**
BC = keine Daten vorhanden

Quer durch den südlichen Teil der nepalesischen Hauptstadt Kathmandu fließt der Bisnumati, der sowohl den Hindus als auch den Buddhisten heilig ist.

► 306/307
28° 17,06' **N** 083° 57,59' **E**
BC = keine Daten vorhanden

Im Herzen des westlichen Himalaja, unter den Hängen des Annapurna-Massivs, fließt der milchige Seti durch das Pokhara-Tal.

►► 308/309
28° 26,19' **N** 084° 03,48' **E**
BC = keine Daten vorhanden

Die Südosthänge der Annapurna III, eines 7555 Meter hohen Berges im nepalesischen Himalaja, mit der Gangapurna im Hintergrund.

■ 310/311
28° 28,20' **N** 084° 06,36' **E**
BC = keine Daten vorhanden

Die Annapurna II (7937 Meter) sieht von Süden wie eine wirkliche Festung aus.

► 312/313
27° 48,00' **N** 086° 29,23' **E**
BC = 20 ng/m^3

Der Melungtse (7181 Meter) liegt im Rolwaling Himal, dem zentralen östlichen Teil des nepalesischen Himalaja.

►► 314/315
27° 42,.44' **N** 086° 47,03' **E**
BC = 20 ng/m^3

Der schneebedeckte Gipfel des Mount Everest ragt über den Kamm des Nuptse-Lhotse sowie zahlreiche Sechs- und Siebentausender.

■ 316/317
27° 57,54' **N** 086° 54,00' **E**
BC = 23 ng/m³

Die übliche Route zum 8848 Meter hohen Mount Everest führt von der nepalesischen Seite über den Südsattel.

► 318/319
04° 37,32' **S** 055° 29,33' **E**
BC = keine Daten vorhanden

Mahé ist die größte Insel der Seychellen. Ihr höchster Gipfel, der Morne Seychellois, liegt im gleichnamigen Nationalpark.

►► 320/321
05° 55,25' **S** 039° 31,07' **E**
BC = 140 ng/m³

Unguja, die größte Insel Sansibars, liegt etwa 40 Kilometer von der Küste Tansanias entfernt.

SÜDAFRIKA– NAMIBIA

5021 ▪ 21:21

Südafrika–Namibia

Sansibar–Calvinia–Walvis Bay

Entfernung: 5021 Kilometer • Flugzeit: 21:21 Stunden

Obwohl die Gletscher des Kilimandscharo nur zwei Flugstunden von Sansibar entfernt sind, beschloss ich, den Kurs nach Süden einzuschlagen, weil das Wetter für einen Flug durch die Berge zu wechselhaft war. Nach meinem Start in den regnerischen Morgen über dem Sansibar-Kanal gab mir der Fluglotse in Dar Es Salam, der größten Stadt Tansanias, die Anweisung, nach Westen zu fliegen, von wo aus ich mir einen Weg durch die Wolkenschichten in den klareren Süden suchen konnte. Über Mosambik wurde das Wetter besser, und auf 3000 Meter Höhe kam ich endlich ins Sonnenlicht. Leider war die schöne Landschaft dieser ehemaligen portugiesischen Kolonie durch ein Meer von Wolken verdeckt. Der Sambesi ist der größte afrikanische Fluss, der in den Indischen Ozean mündet. Er entspringt im Norden Sambias, fließt durch die Demokratische Republik Kongo, dann nach Süden durch Angola und entlang der Grenze zwischen Namibia und Sambia. Er stürzt sich über die weltbekannten Victoria-Fälle, vereinigt sich mit dem Shire-Fluss, der vom Malawi-See kommt, fließt den Großen Afrikanischen Grabenbruch entlang, um sich schließlich in den Indischen Ozean zu ergießen. Das früher einmal weit ausgedehnte Delta ist durch den Bau von Wasserkraftwerken merklich kleiner geworden. Nur ab und zu war ein Blick durch Wolkenlücken auf dieses riesige Feuchtbiotop möglich.

Über dem Fluss Save, der die Provinz Sofala im Norden von der Provinz Inhambane im Süden trennt, klarte der Himmel vollständig auf und gab den Blick auf die reiche Vegetation von Mosambik frei. Der Fluss bildet auch die natürliche Grenze zwischen dem tropischen Klima im Norden und dem subtropischen Klima im Süden. Er stellt außerdem die nördliche Grenze des Zinave-Nationalparks dar, der besonders interessant ist, weil er sowohl über tropische als auch subtropische Merkmale verfügt. Es heißt, dass der Park aufgrund von Wilderei fast leer ist, und so ist es kein Wunder, dass ich kein einziges großes Tier gesehen habe. Weiter nach Süden gibt es eine Anzahl von Naturschutzgebieten, die die Behörden zu einem großen Park zusammenfassen wollen: dem Great Limpopo Transfrontier Park, der solch weltbekannte Nationalparks wie den Limpopo National Park in Mosambik und den Krüger-Nationalpark in Südafrika umfassen soll.

Endlich, nach zehn Stunden Flug, erschien auf meinem GPS-Diplay eine Linie, die die Grenze zu Südafrika anzeigte.

Ich überflog die Grate der kahlen Berge in Limpopo, der südafrikanischen Provinz mit der höchsten Armutsrate, und ging über den roten Flächen bei Marble Hall herunter, die mit großen Kreisberegnungsanlagen durchsetzt sind. In der Ferne sah ich schon Johannesburg, die größte Stadt Südafrikas. Sie liegt auf dem 1700 Meter hohen Highveld-Plateau. Ich bahnte mir meinen Weg durch starke Turbulenzen und versuchte währenddessen, mit den Anweisungen der verschiedenen Fluglotsen zurechtzukommen. Nach vielen Warteschleifen schickten sie mich endlich zum Lanseria

◄ 322/323
26° 57,02' **S** 026° 54.14' **E**
BC = 99 ng/m³

Feuchtlandbiotope an den Ufern des Flusses Vaal.

■ 324
24° 57,18' **S** 016° 28,18' **E**
BC = 40 ng/m³

Das hohe Kalahari-Plateau senkt sich zur Namib-Wüste im Westen ab.

International Airport, der nördlich vom Stadtzentrum liegt. Weil es schon dunkel wurde und ich mit den Sichtflugregeln über Johannesburg nicht vertraut war, verschob ich den kurzen Flug zum Tedderfield Air Park auf den nächsten Morgen.

Airplane Factory ist eine Firma, die zwei- und viersitzige Leichtflugzeuge namens Sling 2 und Sling 4 herstellt. Mike Blyth, James Pitman und Jean d'Assonville, die Eigner der Firma und erfahrene Piloten, sind mit beiden dieser Flugzeuge um die Erde geflogen. Ich hatte James und Mike auf einer Luftfahrtmesse in Friedrichshafen in Deutschland getroffen, und sie sagten mir, dass sie meine Maschine warten lassen könnten, wenn ich zufällig vorbeikäme.

So flog ich denn über das Highveld, ging über Johannesburg auf geringe Höhe und landete auf der Asphaltlandebahn, an der rechts und links zahllose Hangars standen. Die Jungs warteten schon und fingen sofort mit ihrer Arbeit an. Leider hatte ich weder Zeit, meine Umgebung kennenzulernen noch das Sozialleben. James brachte mich gleich am nächsten Morgen zum Flugplatz. Die spärlich bevölkerte Landschaft mit eingestreutem Farmland entlang den Flüssen und künstlich angelegten Seen zog in der kalten und ruhigen Morgenluft unter mir vorbei. Ich flog die meiste Zeit am Fluss Vaal entlang und kreuzte oft seine Schleifen auf dem Weg zum Stausee hinter dem Bloemhof-Damm, wo er sich mit dem Vet vereint. Obgleich der Vaal nur etwa 200 Kilometer vom Indischen Ozean entspringt, verläuft er durch ganz Südafrika und fließt in den größeren Oranje, dessen Weg durch die Wüstenlandschaft bis nach Upington führt. Der Oranje stürzt über die spektakulären Augrabie-Fälle in eine Schlucht und bildet eine natürliche Grenze zwischen Namibia und Südafrika bis hin zum Atlantik.

Inzwischen wurde das Wetter schlechter und tief liegende Wolken zwangen mich, auf sehr geringer Höhe durch Turbulenzschichten zu fliegen. In solchen Situationen fliegt die Zeit gewiss nicht vorbei. So erspähte ich nach einigen sehr langen Stunden die kleine Landebahn nahe der Stadt Calvinia, die am Fuß der Hantam-Tafelberge liegt. Kobus Nel, ein Afrikaner und Pipistrel-Repräsentant, und dessen Freund Martin Greunert, ebenfalls Flugenthusiast, erwarteten mich auf dem wenig frequentierten Flugplatz. Wir tankten das Flugzeug mit Treibstoff auf, den Kobus in Plastikkanistern mitgebracht hatte, und fuhren 60 Kilometer im Regen in die Stadt Nieuwoudtville. Die Landschaft war völlig kahl. Wie schade, dass ich nicht im Frühling gekommen war, zwischen August und Oktober, wenn der ganze Bezirk Namaqualand ein paar Tage lang in der fantastischen Farbexplosion der Wüstenblumen versinkt.

Der Morgen war ruhig, und obgleich tiefe Wolken auf den umgebenden Bergen lagen, vermutete ich darüber einen klaren Himmel. Bevor ich nach Namibia flog, landete ich auf dem Upington International Airport, um mich um die Zollformalitäten zu kümmern. Danach ging es in nordwestlicher Richtung quer über die Kalahari-Wüste. Als ob der Flug nicht schon durch die Thermikturbulenzen schwierig genug gewesen wäre, gab der Motor schließlich ganz auf. Ich hatte wirklich unglaubliches Glück, dass ich im Gleitflug aus 3000 Metern Höhe den etwa 45 Kilometer entfernten Flugplatz bei Keetmanshoop erreichte. Dort stellte ich fest, dass das ganze Motoröl verbrannt und durch die Turbine verdampft war. Wenn so etwas passiert, ist es sehr wahrscheinlich, dass der Motor nicht mehr zu reparieren ist.

Mit der Hilfe von Kobus, James und Pipistrel flog Martin den Monteur Glen Mayer von Rotax aus Johannesburg ein, der die defekte Turbine austauschen konnte. Eine Woche später war ich bereit, meine Reise fortzusetzen. Ich hatte viel Vertrauen in das Flugzeug verloren, und so wurden die ersten Stunden Flug über den schönen Sanddünen der Namib-Wüste, auf dem Weg zum Walvis Bay Airport, anstrengend und angespannt, weil ich dauernd auf jedes ungewöhnliche Geräusch der Maschine lauschte.

■ 327
28° 09,03' **S** 024° 46,18' **E**
BC = 233 ng/m^3

Die Provinz Nordkap ist die größte und am dünnsten besiedelte Südafrikas.

► 328/329
18° 37,54' **S** 035° 48,02' **E**
BC = 0 ng/m^3

Die ausgedehnten unbewohnten Feuchtgebiete der mosambikanischen Provinz Sofala.

►► 330/331
21° 25,04' **S** 033° 34,23' **E**
BC = 0 ng/m^3

Der Save River im Zinave-Nationalpark in Mosambik.

►►► 332/333
24° 58,44' **S** 029° 10,59' **E**
BC = 323 ng/m^3

Der Olifants River in der südafrikanischen Provinz Limpopo liefert das Wasser für die Bewässerungssysteme der Stadt Marble Hall.

◄ 334/335
27° 35,03' **S** 25° 56,45' **E**
BC = 223 ng/m³

Das Bloemhof-Dam-Naturreservat liegt am Vaal River.

■ 336/337
27° 40,32' **S** 020° 08,02' **E**
BC = 108 ng/m³

Die Kalahari-Wüste an der Grenze zwischen Südafrika und Namibia mit langen Dünen, die darauf hindeuten, dass der Wind meist von Ost oder West weht.

■ 338/339
23° 39,21' **S** 015° 12,21' **E**
BC = 89 ng/m³

Die vom Kuiseb River gegrabene Schlucht ist eine natürliche Grenze, entlang welcher der konstante Nordwind die größten Sanddünen der Welt heranweht.

► 340/341
24° 23,36' **S** 015° 55,13' **E**
BC = 53 ng/m³

Die kleine Siedlung Sesriem ist die Hauptanlaufstelle zum Namib-Naukluft-Nationalpark.

►► 342/343
24° 39,19' **S** 016° 11,07' **E**
BC = 45 ng/m³

In der Regensaison leuchtet die Namib-Wüste in fantastischen Pastellfarben.

►►► 344/345
24° 36,15' **S** 016° 07,53' **E**
BC = 47 ng/m³

Die wilden Täler der Naukluft-Berge beherbergen Bergzebras und Leoparden.

AFRIKA–SÜDEUROPA

8328 ▪ 33:08

Afrika–Südeuropa

Walvis Bay–N'Djamena–Ljubljana

Entfernung: 8328 Kilometer • Flugzeit: 33:08 Stunden

Die Stadt Walvis Bay (Afrikaans für »Walfischbucht«) erhielt ihren Namen von der großen Anzahl an Walen, die durch die Planktonfülle vor dieser Küstenregion angelockt werden. Da sie der einzige vor dem Ozean geschützte natürliche Hafen ist, war sie lange ein wichtiger Handelsplatz für Schiffe, die um das Kap der Guten Hoffnung fuhren. Mit einer jährlichen Durchschnittsregenmenge von zehn Millimetern ist sie eine der trockensten Städte der Welt. In ihrer Nähe fließt der nur in der Regenzeit wasserführende Fluss Kuiseb in den Atlantik. Die vom Fluss gegrabene Schlucht bildet zudem eine natürliche Barriere, an deren Rändern der konstante Nordwind die größten Sanddünen der Welt aufgetürmt hat.

Mein Aufenthalt in Walvis Bay war wunderbar: Ich hatte wieder Vertrauen in meine Maschine, auf dem Flugplatz gab es sehr gutes Benzin und zudem erhielt ich von einem freundlichen Fluglotsen einige nützliche Tipps für die Fliegerei in diesem Teil der Erde.

Durch den kalten Benguela-Strom, der von der Kapspitze in Richtung Äquator fließt, sind die Verhältnisse über der heißen Wüste ähnlich wie die an der Pazifikküste von Peru. Deshalb überraschte mich der morgendliche Nebel auch nicht. Die tief liegende Wolkendecke war ziemlich dick und beharrlich, und es würde wohl kaum bald aufklaren. Nach ein paar nassen Minuten im Instrumentenflug kam ich aus den Wolken heraus, die sich etwas weiter im Osten schon auflösten. Ich folgte den imaginären Pfaden der Flugrouten. Die Wolken verschwanden nicht, bis ich mich über dem Brandberg beziehungsweise Fire Mountain befand, der durch seine jahrtausendealten Malereien bekannt ist, die von verschiedenen Stämmen der Buschmänner stammen. Die Sonne stand hoch und ließ die Berge in einem düsteren Farbton erscheinen – ganz im Kontrast zu den glühenden Farben, die der Berg im Abendlicht trägt, und die ihm seinen Namen gaben. Auch der Doros-Krater bot nur einen freudlosen Anblick in Grau und Braun.

Nach Norden hin änderte sich die Landschaft deutlich. Auf dem Huila-Plateau, Angola, in 1700 bis 2200 Meter Höhe und bei subtropischem Klima, war alles schon grün. Am östlichen Rand liegt die alte portugiesische Kolonialstadt Lubango, und im Westen erstrecken sich 1000 Meter hohe, steil abfallende Klippen bis tief in die Namib-Wüste hinein. Bald verschwand das trockene Bergland und unter mir tauchten die fantastischen Feuchtgebiete des Quicama-Nationalparks und des Cuanza-Flusses südlich von Luanda auf. Die Hauptstadt Angolas mit ihren fünf Millionen Einwohnern liegt in einer Bucht, in der sich Dutzende von Schiffen zusammendrängen. Es sah fast aus wie eine Invasion der Marine. Anderthalb Stunden später hatte ich den riesigen 4700 Kilometer langen Fluss Kongo an der Grenze zur Demokratischen Republik Kongo erreicht. Gemessen an der Durchflussmenge von Wasser ist der Fluss der zweitgrößte der Welt, und mit mehr als 220 Metern ist er auch der tiefste. Zudem hat er das größte Potenzial für Wasserkraftwerke. Der Kongo durchquert ausgedehnte Regenwälder, lässt weitläufige Mangrovenwälder entstehen und ergießt sich schließlich in ein tiefes Unterwassertal bei Muanda. Der mittlere Bereich des Flusses bildet die politische Grenze zwischen Kinshasa in der Demokratischen Republik Kongo und Brazzaville in der Republik Kongo.

◄ 346/347
08° 55,14' **S** 013° 15,33' **E**
BC = 49 ng/m³

Luanda, die Hauptstadt Angolas, mit einer Bevölkerung von fünf Millionen Menschen, liegt an der atlantischen Küste Afrikas.

■ 348
07° 54,48' **N** 016° 11,45' **E**
BC = 360 ng/m³

Im grasbewachsenen südlichen Teil des Tschad fällt mehr Regen. Dort sind die Voraussetzungen für die Landwirtschaft besser.

Pointe-Noire ist die zweitgrößte Stadt der Republik Kongo und mit der Hauptstadt durch eine fast hundert Jahre alte Eisenbahnlinie verbunden, deren Bau unter den unsäglichen Lebensbedingungen in den tropischen Regenwäldern Tausenden das Leben kostete.

Zu meiner großen Überraschung wussten die Fluglotsen auf dem Agostinho Neto Airport schon, wer ich war und woher ich kam. Nach der Landung wurde ich zum Aeroclub geleitet, wo eine fast brandneue Pipistrel Virus SW unter einem Schutzdach parkte. Julien Benatouil, der Eigner des Flugzeugs, und ein Pipistrel-Repräsentant hatten sich um die nötigen Arrangements mit den Offiziellen gekümmert. Deshalb lief das ganze Prozedere, einschließlich gutem Treibstoff und der Zollformalitäten, glatt und schnell ab.

Der nächste Abschnitt der Reise führte über den ganzen Kongo und die Zentralafrikanische Republik in den Tschad. Die Sicht war schlecht, also hob ich im Instrumentenflug ab und durchquerte Schichten von Regenwolken. Dann gelangte ich in ein Gebiet mit etwas besserem Wetter über dem Nouabalé-Nkodi-Nationalpark, einem riesigen unbewohnten tropischen Regenwald an der Grenze zwischen Kamerun und dem nördlichen Kongo. Die ganze Region, zu der auch das Dzanga-Sangha-Naturschutzgebiet in der Zentralafrikanischen Republik und der Lobéké-Nationalpark in Kamerun gehören, bildet die Sangha River Tri-National Protected Area (STN).

Der Anblick der unzugänglichen Wälder war unbeschreiblich schön, aber ich hatte den Ausfall des Motors in Namibia noch nicht vergessen. Unter diesem dichten Blätterdach würde man das Wrack meines winzigen Flugzeugs nie finden, insbesondere, weil niemand in der Gegend über eine brauchbare Rettungsausrüstung verfügte. In den mittleren Regionen der Zentralafrikanischen Republik dünnen die Wälder nach und nach aus und verwandeln sich in Savannen, die im Norden schnell zu Wüsten werden. Es wurde ziemlich heiß im Cockpit, als ich in ein weiträumiges Schlechtwettergebiet geriet und im Zickzack fliegen musste, um den Stürmen auszuweichen. Schon auf 2000 Metern Höhe über dem Tschad war es heiß gewesen, aber der Flughafen kochte regelrecht bei sengenden 44 °C. Ich war aus Treibstoffgründen in der Hauptstadt des Tschad gelandet, weil andere passende Flughäfen diesen nicht hatten. Mithilfe meiner Onlinefreunde und Unterstützer gelang es mir, mit Viviane Memingar Verbindung aufzunehmen, die jemanden auf dem N'Djamena International Airport kannte, der angeblich 200 Liter brauchbares Benzin hatte. Abends waren die Tanks mit dem äußerst teuren Treibstoff gefüllt, der von zweifelhafter Qualität und außerdem sehr verschmutzt zu sein schien.

Wegen der hohen Temperaturen am Morgen stieg ich langsam über dem Tschad-See aufwärts. Der See hat in den vergangenen Jahrzehnten 90 Prozent seiner Oberfläche verloren, was das Leben von 30 Millionen Menschen gefährdet, die auf dieses natürliche Reservoir angewiesen sind. Als wäre das nicht schon schlimm genug, hat der Klimawandel dazu noch bewirkt, dass die Wasserstände der Flüsse Chari und Logone abnehmen, die nahe N'Djamena, an der Grenze zu Kamerun, zusammenfließen. Die aber sind die wichtigsten Zuflüsse des abschließenden Sees.

Nördlich des Sees liegt die endlose Ténéré-Wüste im Tschad und im Niger. Die Ténéré ist Teil der südlichen Sahara und war einst das Becken des prähistorischen Tschad-Sees. Im Norden setzt sie sich in der libyschen Murzuq-Wüste fort. Dort wurde die Sicht besser und zeigte die Besonderheiten des libyschen Wüstenlandbaus mit großen Kreisberegnungsanlagen um Sabha.

Etwa 2300 Kilometer später konnte ich die Küste des Mittelmeeres östlich von Tripolis ausmachen. 200 Kilometer vor der Insel Malta verwandelten Motorprobleme den Flug in einen echten Albtraum. Die abschließende Etappe am nächsten Tag war kurz. Sie dauerte nur etwas mehr als vier Stunden, aber durch das schlechte Wetter über Italien erschien sie mir wie eine Ewigkeit. Erst als ich mich über der Adria befand, klarte der Himmel auf und ließ mich sicher auf dem Flughafen Ljubljana landen, wo ich meine Reise vor genau hundert Tagen begonnen hatte.

■ 351
24° 13,55' **N** 014° 35,29' **E**
BC = 23 ng/m³

Die südliche libysche Wüste in der Nähe des militärischen Flugplatzes Al Wigh.

► 352/353
01° 30,23' **N** 016° 12,04' **E**
BC = 199 ng/m³

Der Sangha sammelt alles Wasser aus dem nördlichen Kongogebiet, der Zentralafrikanischen Republik und Kamerun und fließt dann in den großen Kongo.

►► 354/355
04° 46,40' **N** 016° 39,35' **E**
BC = 125 ng/m³

Die Stadt Chen-Boupane, im Südwesten der Zentralafrikanischen Republik, liegt in einer Übergangszone zwischen den äquatorialen Regenwäldern und der Sahel-Wüste.

►►► 356/357
09° 35,30' **N** 016° 07,05' **E**
BC = 370 ng/m³

Der Logone sammelt das Wasser der Zentralafrikanischen Republik, Kameruns und des Tschad und transportiert es in den Tschad-See.

■ 358/359
11° 56,59' **N** 015° 06,37' **E**
BC = 410 ng/m³

Die Tschad-Wüste dehnt sich rasch nach Süden aus, was Massenwanderungen und ethnische Spannungen verursacht.

► 360/361
26° 38,19' **N** 014° 28,33' **E**
BC = 15 ng/m³

Im Boden unter der libyschen Wüste verbergen sich unglaubliche Mengen eiszeitlichen Trinkwassers. Man entdeckte es, als man 1953 nach Öl suchte.

►► 362/363
35° 56,53' **N** 014° 27,50' **E**
BC = keine Daten vorhanden

Die Insel Malta ist die größte der drei Hauptinseln der Republik Malta im Mittelmeer.

►►► 364/365
45° 43,00' **N** 014° 26,30' **E**
BC = keine Daten vorhanden

Wenn der Wasserstand des sporadisch auftretenden Wasserlaufs des Obrh steigt, verwandelt sich das Loka-Feld, das unter den waldbedeckten nördlichen Hängen des Snežnik (Krainer Schneeberg) liegt, in einen See.

EUROPA–NORDPOL

15 900 ▪ 61:10

Europa–Nordpol

Ljubljana–Nordpol–Ljubljana

Entfernung: 15 900 Kilometer · Flugzeit: 61:10 Stunden

Mitte April 2013, genau ein Jahr nach dem erfolgreichen Abschluss meines Fluges um die Erde, der einige sehr interessante Daten über den Rußgehalt der Atmosphäre erbracht hatte, standen wir bereit, das Projekt GreenLight WorldFlight fortzusetzen. Es sollte ein Flug über Nordeuropa, Spitzbergen und den Nordpol zum kanadisch-arktischen Archipel und nach Neufundland werden. Dann sollte es auf den Spuren des Transatlantikfluges von Lindbergh zurück nach Slowenien gehen.

Wegen der extremen Lebensbedingungen stellt die Arktis ein sehr zerbrechliches Ökosystem dar, in dem Veränderungen der Umwelt eine viel größere Wirkung zeigen als anderswo. Daher war das Flugzeug mit einem überaus empfindlichen Rußmessgerät bestückt, weil viel geringere Rußkonzentrationen zu erwarten waren.

Gegen Ende des Winters kann das Wetter in Nordeuropa sehr wechselhaft sein, sodass Feuchtigkeit und Frost zu äußerst gefährlichen und fatalen Vereisungen bei einem kleinen Flugzeug führen können, das keinerlei Möglichkeiten hat, sich davor zu schützen.

Eine Kaltfront war vorbeigezogen, deshalb war der Morgen im April feucht und ungemütlich. Weil sich die frontalen Wolken nach Nordosten bewegt hatten, stieß ich bereits über dem österreichischen Bundesland Kärnten auf hoch liegende Wolkenmassen. Ich stieg auf 5000 Meter Höhe, um darüber hinwegzufliegen, und erst mitten über Deutschland ging ich wieder auf eine erträgliche Höhe mit genügend Sauerstoff herunter. Das Wetter in Südschweden wurde durch eine aus Norwegen hereinkommende lange Kaltfront und durch ein starkes Hochdruckgebiet über Russland beeinflusst. Zwischen diesen beiden Wettersystemen bliesen sehr starke Winde mit 80 km/h und verkürzten den Flug durch Skandinavien bei relativ gutem Wetter ganz beträchtlich. Erst als ich die Stadt Kiruna in Lappland, der Heimat der Samen, erreichte, wurde die Wolkendecke dicker. Die Landschaft dort oben war schon mit Schnee und Eis bedeckt. Den Blick voraus in Richtung Norwegen verschleierten tief liegende Wolken und Schnee. So bestand meine einzige Möglichkeit darin, Richtung Narvik, entlang dem Talbecken des Torneträsk-Sees, zu fliegen. Entlang dieses Sees führt eine mehr als hundert Jahre alte Bahnlinie, die in Norwegen Ofotbahnen heißt und in Schweden Eisenerzlinie. Sie wurde für den Transport von Eisenerz zur norwegischen Küste und zum Bottnischen Meerbusen gebaut.

Zwar war das Wetter um Tromsø in den folgenden Tagen recht gut, aber über dem Spitzbergen-Archipel lag ein Tiefdruckgebiet mit relativ hohen Temperaturen um den Gefrierpunkt herum – die perfekten Bedingungen zum Vereisen. Tromsø, eine der schönsten Städte Norwegens, hat eine glanzvolle Geschichte. Hier lag der Ausgangspunkt der Expeditionen zum Nordpol, auf dem Wasser und durch die Luft. Es ist auch der Ort, an dem Roald Amundsen, der erste Mensch, der den Südpol betreten hat und der durch die Nordwest- und die Nordostpassage gefahren ist, seine Laufbahn begann. Leider endeten seine Abenteuer im Meer zwischen Norwegen und Spitzbergen, als sein zweimotoriges Latham-47-Flugboot in die See stürzte. Er befand sich im Einsatz zur Rettung des italienischen Entdeckers Umberto Nobile, dessen Luftschiff abgestürzt war und der auf dem Eis nahe dem Nordpol feststeckte.

Im Laufe der Tage wurde das Wetter besser und ermöglichte es mir, zum Flughafen von Svalbard, Longyear, auf Spitzbergen zu fliegen. Auf die Instrumentenlandung bei Nebel und Schnee folgte der Abflug an einem wunderschönen sonnigen Morgen. Die Wettervorhersage war günstig bis hinauf zum Nordpol. Die Wetterkarten aus Resolute in Kanada waren jedoch pessimistischer, sie zeigten eine sich schnell nähernde ausgedehnte Wetterfront.

◄ 366/367
79° 35,31' **N** 012° 31,17' **E**
BC = 23 ng/m³

Wegen des warmen Golfstroms gibt es im Raudfjorden, dem »roten Fjord« im Nordwesten von Spitzbergen, kein Eis.

■ 368
63° 54,16' **N** 069° 04,14' **W**
BC = 80 ng/m³

In der dick zugefrorenen Frobisher Bay liegt die Stadt Iqaluit, die Hauptstadt des kanadischen Territoriums Nunavut.

Wegen des warmen Golfstroms friert die Westküste von Spitzbergen fast nie zu, und so dauerte es etwa eine Stunde nach dem Start, bis das erste Eis auftauchte. Das Wetter über dem Pol war freundlich mit einem Teppich hoher Bewölkung. Es war überraschend warm. Mit –9 °C lag die Temperatur 13 °C höher als über der Inselgruppe Spitzbergens. Jetzt, Ende April, war das Eis völlig aufgebrochen – offensichtlich wird es wärmer am Nordpol. In Richtung Süden, auf Nunavut zu, Kanadas jüngstes Territorium, wurde die Luft wieder kälter. In der turbulenten Wetterfront, die ich durchfliegen musste, sank die Temperatur auf unter –20 °C.

Dadurch war eine Vereisung ausgeschlossen. Die Wolken bestanden aus Eiskristallen, die nicht an der Oberfläche des Flugzeugs hafteten. Bei Ellesmere Island (die Inuit nennen die Insel Umingmak Nuna oder »Land der Moschusochsen«) war das Meer wieder völlig zugefroren und die Sicht schlecht. Ich bekam eine SMS von Domen, dass das Wetter in Resolute schon schlechter wurde, mit Vereisung, starken Winden und Schnee.

Meine Entscheidung, in Eureka zu landen, fiel mir nicht leicht, denn Eureka hat zwar eine Wetterstation und eine Militärbasis, ich aber hatte keine Landeerlaubnis. Bevor ich auf der geräumten Kiespiste landete, bemerkte ich eine Herde Moschusochsen, die häufigsten Besucher des Flugplatzes, neben den Wölfen. Das schlechte Wetter aus Resolute erreichte Eureka am folgenden Tag, und die Temperatur stieg auf erfreuliche –17 °C. Eureka hatte keinen Hangar, und so war das Flugzeug dem Schnee und den starken Winden ausgesetzt. Ohne ordentlichen Schutz wäre es bis zum Sommer nicht mehr flugtauglich gewesen.

Die stationäre Front bewegte sich langsam, aber sicher, weiter. Nach wenigen Tagen war das Wetter merklich besser geworden. Jetzt konnte ich nach Süden weiterfliegen, über die Axel-Heiberg-Insel mit ihren versteinerten und mumifizierten Überresten eines Waldes aus dem Eozän, zum Inuit-Weiler Resolute, wo es mit –25 °C wirklich so kalt wie in einer Tiefkühltruhe war. Die Nordwestpassage, die in legendären, oft tragischen polaren Meeresexpeditionen erkundet wurde, die im Dienst nationaler Interessen der großen Wirtschaftsmächte des 19. Jahrhunderts standen, war immer noch völlig zugefroren.

Auf dem Flug entlang Baffin Island waren typische Winterlandschaften zu sehen. Sogar die Frobisher Bay, an deren Ufer die Hauptstadt von Nunavut, Iqaluit, liegt, war völlig zugefroren.

Kanada hatte in jenem Jahr einen langen Winter, der sich bis spät in den Mai hineinzog. Das waren günstige Verhältnisse für die Eisbären, die wegen erhöhter Temperaturen und Eisschmelze zur bedrohten Art werden könnten. Das erste Anzeichen für wärmeres Wetter war das Labyrinth aus schmelzendem Meereis in der Hudsonstraße. Labrador war von Wolken bedeckt, doch endgültig schlecht wurde das Wetter über dem Sankt-Lorenz-Golf, wo mich unerklärliche Schwingungen des Flugzeughecks zur Landung in Havre-Saint-Pierre, am Rand des Mingan-Archipelago-Naturschutzgebiets, zwangen.

Der Austausch des Dichtungsbandes, das ich mir aus Slowenien schicken ließ, behob das Schwingungsproblem. Nach ein paar Schlechtwettertagen, in denen auf Neufundland rekordverdächtige 70 Zentimeter Schnee gefallen waren, flog ich weiter zum ehemaligen Luftstützpunkt in Stephenville und dann zum Gander International Airport, der während des Zweiten Weltkriegs von der Air Force benutzt worden war und heute dazu dient, Flugzeuge mit Treibstoff für transatlantische Flüge zu versorgen.

Der Nordatlantik ist bekannt für sein schlechtes Wetter und seine Tiefdruckgebiete. Daher war mein Entschluss zu diesem Flug ein starker Kompromiss, das Wetter betreffend. Die lange Kaltfront, die sich von Grönland weit in den Süden erstreckte, stellte ein riskantes Hindernis dar. Trotzdem kam, unterstützt von günstigem Rückenwind, mein 3200 Kilometer weiter Flug nur elf Stunden später auf dem Shannon Airport in Irland zu einem glücklichen Abschluss.

■ 371
89° 89,59' **N** 006° 01,36' **E**
BC = 91 ng/m³

Wegen der hohen Temperaturen über dem Nordpol schmilzt das Eis zu früh.

► 372/373
65° 36,30' **N** 019° 14,57' **E**
BC = 39 ng/m³

Arvidsjaur in Lappland mit seiner Winter-Autoteststrecke.

►► 374/375
69° 46,53' **N** 019° 06,40' **E**
BC = 119 ng/m³

Die Grøtsundet-Straße nördlich von Tromsø im morgendlichen Nordlicht.

►►► 376/377
69° 58,40' **N** 018° 55,59' **E**
BC = 150 ng/m³

Nordnorwegen ist ein Labyrinth aus Bergen, Seestraßen und engen Fjorden, die sich zum Norwegischen Meer hin öffnen.

■ 378/379
77° 10,56' **N** 015° 48,47' **E**
BC = 38 ng/m^3

Gletscher polarer Dimensionen an der Südwestküste Spitzbergens im Sør-Spitsbergen-Nationalpark.

► 380/381
87° 59,02' **N** 094° 14,09' **W**
BC = 59 ng/m^3

Das Arktische Meer vom Nordpol in Richtung Ellesmere Island in Kanada.

►► 382/383
79° 16,43' **N** 087° 45,37' **W**
BC = 181 ng/m^3

Die Axel-Heiberg-Insel liegt im nördlichen Teil des kanadischen Territoriums Nunavut und ist für ihre versteinerten Wälder bekannt.

■ 384/385
67° 28,47' **N** 073° 13,01' **W**
BC = 17 ng/m³

Das Meer in der Fox Bay westlich von Baffin Island ist selten eisfrei.

► 386/387
61° 03,45' **N** 067° 53,07' **W**
BC = 35 ng/m³

Die Hudson-Straße verbindet den Atlantik mit der Hudson Bay, dem östlichen Arm der Nordwestpassage.

►► 388/389
50° 20,14' **N** 063° 37,52' **W**
BC = 112 ng/m³

Stromschnellen im Rivière Puyjalon, bevor er in den Rivière Romaine in Quebec fließt, an dem gerade der größte hydroelektrische Damm Kanadas gebaut wird. Das Projekt ist heiß umstritten.

■ 390/391
50° 19,43' **N** 063° 33,01' **W**
BC = 109 ng/m³

In der Nähe des Sankt-Lorenz-Golfs, am Zusammenfluss der Flüsse Rivière Romaine und Rivière Puyjalon, liegen ausgedehnte marschige Tundragebiete.

► 392/393
50° 37,52' **N** 063° 21,57' **W**
BC = 66 ng/m³

Der Mingan-Archipelago-Nationalpark am Sankt-Lorenz-Golf in Quebec umfasst eine Kette von vierzig Inseln mit von der Natur geschaffenen Kalksteinskulpturen.

►► 394/395
52° 42,42' **N** 008° 59,12' **W**
BC = keine Daten vorhanden

Der Shannon, der längste und größte irische Fluss, bevor er in den Atlantik mündet.

■ 396/397
44° 43,21' **N** 006° 20,25' **E**
BC = 38 ng/m³

Der Écrins-Nationalpark befindet sich im Südosten von Frankreich, südlich von Grenoble.

► 398/399
45° 05,23' **N** 009° 24,50' **E**
BC = 94 ng/m³

Der Po, der längste Fluss Italiens, fließt vom Fuß des Monte Viso durch das ebene Schwemmland im nördlichen Italien in die Adria.

Danksagung

Das GreenLight WorldFlight-Projekt war eine unschätzbare Flugerfahrung und ein Forschungsabenteuer, das ohne die Begeisterung und die positive Energie aller daran beteiligten Personen und der Menschen, die es online verfolgt haben, nicht möglich gewesen wäre.

Ohne ihre Unterstützung wäre ich während der schwierigen Flüge über die Ozeane, Wüsten, tropischen Wälder, polaren Eiskappen und dem Mount Evest um einiges unsicherer gewesen, und vieles hätte anders ausgehen können. Für mich ist es ein absolutes Privileg, dass ich unseren Planeten Erde aus einer anderen Perspektive wahrnehmen durfte. Dafür bin ich meiner Familie – Katarina, Živa und Luka – besonders dankbar und natürlich auch meinem überaus positiven Unterstützerteam, das aus **Vojko Strahovnik, Domen Grauf, Petra Draškovič, Andreja Vrečar, Nataša Krhen, Ivo Boscarol und Tine Tomažič von Pipistrel, und Griša Močnik, der über Luftverschmutzung forscht, bestand**.

Das GreenLight WorldFlight-Projekt wäre ohne den Flugzeughersteller Pipistrel mit seinen umweltfreundlichen hochleistungsfähigen Ultraleichtflugzeugen nicht möglich gewesen. Ivo Boscarol, der Eigner und Direktor dieser Firma, die die notwendigen Änderungen am Flugzeug gesponsort hat und auch während des Fluges technische Unterstützung gewährte, ist ein steter Förderer »verrückter« Ideen, die die Stärken der Firmenprodukte hervorheben. Das ausgezeichnete Pipistrel-Team schuf mit seiner Professionalität und seiner Zuversicht eine Atmosphäre absoluten Vertrauens.

Griša Močniks (mit Primož Vidmar und Luka Drinovec) Forschungsprojekt, in dem während des Flugs gemessen werden sollte, wie hoch die Rußkonzentrationen sind, gab dem Ganzen eine umweltrelevante Dimension.

Mein besonderer Dank geht an meinen Freund Samo Čebul in Yelloknife, einem First Air-Piloten, dessen täglicher Rat und Informationsaustausch dazu beitrug, Türen zu öffnen und Komplikationen zu beheben. Ebenso gilt er meinem Freund Peter (Pedro) Skvarča, einem slowenisch-argentinischen Bergsteiger und Gletscherforscher, der mir dabei half, die eisigen Hindernisse in Patagonien und der Antarktis zu überwinden.

Da das Projekt sowohl logistisch als auch finanziell äußerst anspruchsvoll war, spielten die Sponsoren, die an die grüne Botschaft des Projekts glaubten, die Hauptrolle. Dazu gehören: Petrol, Pipistrel, STO (SPIRIT) Slovenija, Aerodrom Ljubljana, Aquafil, Jeppesen, Garmin, Rotax, MT-Propeller, Albatross Fly, Becker, Trutrak, Kanardia, Cirrus, Slovenia Control, Funkwerk, Generali, Spidertracks, Kia, MH Oxygen, Finesse Max, Aero Deportes, Aerovoltz, CGS, Aeronautcal Association of Slovenia, Nikon, Buffalo Airways, First Air, Kenn Borek Air, Argos, Aerovizija, Aerosol, das Außenministerium der Republik Slowenien, die Pressestelle der Regierung der Republik Slowenien, Komptur.

Beim Lösen der täglichen Probleme erwiesen sich viele Menschen als unschlagbar hilfreich. Sie halfen mir sogar, manch einer scheinbar hoffnungslosen Situation während des Fluges zu entkommen:

Slowenien: Peter Klinar, Domen Grauf, Gorazd Habjan, Primož Lajevec, Andreja Humar, Tomaž Avsenak
Marokko: Mouad Idrissi
Senegal: Zak vom Aeroclub Iba Gueye de Dakar, Dr. Wojciech Mirski
Brasilien: Augusto Luiz de Campos Barrozo, die slowenische Botschafterin Milena Šmit, Tine Motoh
Französisch-Guyana: Hr. Vogt
Florida: Michael Coates, Dan Carter, Shelly Carter, Dale Gericke
Mexiko: Hugo Herrera Mier
Equador: Julio Vizuete
Chile: Andres Gonzales, Alejo Contreras Staeding
Argentinien: Pedro Skvarča, der slowenische Botschafter Tomaž Mencin, Andre Hediger, Silvia Tole De Bellini, Dr. Oscar De Bellini, Jonathan Selby, Roxanna Diaz, Dr. Romulo Chiesa, die Familien Šmon und Bajda aus Mendoza
Osterinsel: Juan J. Edmunds Paoa
Neuseeland: Colin Alexander
Australien: Michael Coates, James Wiseman
Indonesien: Nurachman Pudjo Basuki
Thailand: Neil Khun Nawaporn
Nepal: Natasha und Stephen Shrestha, Barun Gyawali
Indien: der slowenische Botschafter Janez Premoše, Capt. Vibhooti Singh Deora, Capt. Rajesh Daniel
Seychellen: Mike King-Hartman, Jacques Harter
Sansibar: Cedrick Mottequin
Südaustralien: James Pitman, Mike Blyth, Jean d'Assonville, Martin Greunert, Kobus Nel
Kongo: Julien Benatouil
Tschad: Viviane Memignar
Norwegen: Živa Lenarčič, Zvonko Mitrovič
Spitzbergen: Mirco Chiappini, Martina Aronne
Eureka: John, Bill und Jay von der Eureka Wetterstation
Resolute: Andre Martineau von Kenn Borek Air
Iqualuit: Bert Rose und Cameron McGregor von Polar Pilots, Daniel Gardener, Jeff und Mark von First Air
Saint-Pierre, Quebec: Hugo Elias
Kanada: Jonas Boll, Niall Leslie
Frankreich: Christian Stuck

Titel der Originalausgabe: Over the Blue Planet

Bibliografische Information der Deutschen Nationalbibliothek
Die Deutsche Nationalbibliothek verzeichnet diese Publikation in der Deutschen Nationalbibliografie; detaillierte bibliografische Daten sind im Internet über http://dnb.dnb.de abrufbar.

1. Auflage
ISBN 978-3-7688-3880-1
Die Rechte für die deutsche Ausgabe liegen beim Verlag Delius, Klasing & Co. KG, Bielefeld

Aus dem Englischen von Elisabeth Szilagyi-Westphal und Walter Westphal
Lektorat: Birgit Radebold / Anja Ross
Fotos und Text: Matevž Lenarčič
Wissenschaftlicher Text Rußmessung: Dr. Griša Močnik & Aerosol d.o.o. team

Herausgeber: Vojko Strahovnik
Design: Nataša Krhen
Realisation: Andreja Vrečar
Schutzumschlaggestaltung: Buchholz.Graphiker, Hamburg
Satz: Fotosatz Habeck, Hiddenhausen
Printed in Slovenia 2014

Delius Klasing Verlag, Siekerwall 21, D-33602 Bielefeld
Tel.: 0521/559-0, Fax: 0521/559-115,
E-Mail: info@delius-klasing.de
www.delius-klasing.de